乡村振兴精品教材

乡村产业振兴致富带头人与乡村休闲旅游

◎ 宋秀英　史安静　张　英　史少坤　高　红　陈俐卉　主编

中国农业科学技术出版社

图书在版编目（CIP）数据

乡村产业振兴致富带头人与乡村休闲旅游／宋秀英等主编．--北京：中国农业科学技术出版社，2023.5
ISBN 978-7-5116-6279-8

Ⅰ.①乡… Ⅱ.①宋… Ⅲ.①乡村旅游–作用–农村–社会主义建设–研究 Ⅳ.①F327.61

中国国家版本馆 CIP 数据核字（2023）第 087044 号

责任编辑	白姗姗
责任校对	李向荣
责任印制	姜义伟　王思文

出 版 者	中国农业科学技术出版社
	北京市中关村南大街 12 号　邮编：100081
电 话	（010）82106638（编辑室）　（010）82109702（发行部）
	（010）82109709（读者服务部）
网 址	https://castp.caas.cn
经 销 者	各地新华书店
印 刷 者	河北鑫彩博图印刷有限公司
开 本	140 mm×203 mm　1/32
印 张	4.75
字 数	105 千字
版 次	2023 年 5 月第 1 版　2023 年 5 月第 1 次印刷
定 价	39.80 元

《乡村产业振兴致富带头人
与乡村休闲旅游》

编 委 会

前　言

党的二十大对新时代全面推进乡村振兴做出了总部署。2022年中央农村工作会议和2023年中央一号文件对全面推进乡村振兴的重点任务做出具体部署。习近平总书记在2022年中央农村工作会议上强调，全面推进乡村振兴是新时代建设农业强国的重要任务，要全面推进产业、人才、文化、生态、组织"五个振兴"，为新时代全面推进乡村振兴，提出了重点任务和根本要求。在部署全面推进乡村振兴重点任务中，突出强调产业振兴是乡村振兴重中之重，要落实产业帮扶政策。人才振兴是乡村振兴的关键环节，产业致富带头人作为引领乡村产业发展的重要力量，既要有文化懂技术，又要会经营善管理，也要敢创新能担当，还要有道德懂法律，只有具备这些素质，才能在创业路上行稳致远。在培养乡村产业致富带头人基础上，乡村旅游作为近年来快速崛起的新产业新业态，站在了新的发展起点上，迎来了难得的发展机遇，必将在实施乡村振兴战略中扮演重要角色，为新时代推动农业农村现代化做出新贡献。

基于新的背景之下，我们编写了本书，本书分为七章：第一章讲述了产业振兴是乡村振兴的基础这一理念；第二章主要是找出当前乡村产业振兴面临的困境以及突破点；第三章就如何构建乡村振兴产业致富带头人培养体系进行了深入探讨；第四章介绍论述了乡村振兴产业致富带头人所具备的能力和要求；第五章介绍乡村产业振兴有哪些实现模式；第六章明确方向，就如何创新打造乡村休闲旅游产业进行了分析；第七章按六大模式介绍乡村休闲旅游的成功经验。本书语言通俗易懂、简明扼要，可作为有关人员的培训教材。

本书如有疏漏之处，敬请广大读者批评指正。

编　者

2023 年 4 月

目　　录

第一章　产业振兴是乡村振兴的基础

【本章导读】

党的二十大对新时代新征程全面推进乡村振兴做出了总体部署。2022年中央农村工作会议和2023年中央一号文件对全面推进乡村振兴的重点任务做出具体部署。习近平总书记在2022年中央农村工作会议上强调，全面推进乡村振兴是新时代建设农业强国的重要任务，要全面推进产业、人才、文化、生态、组织"五个振兴"，这为新时代新征程全面推进乡村振兴，提出了重点任务和根本要求，指明了方向。

产业振兴是乡村全面振兴的基础和关键。乡村振兴是包括产业振兴、人才振兴、文化振兴、生态振兴、组织振兴的全面振兴，其中最重要、最根本、最关键的是产业振兴。

乡村产业振兴要走一二三产业融合发展之路，推动农业产业链延伸融合，推动乡村产业功能拓展融合，培育壮大三产融合发展组织载体，实现工业与农业、城镇与乡村联动发展。

习近平总书记 2021 年在河北承德考察时指出，产业振兴是乡村振兴的重中之重，要坚持精准发力，立足特色资源，关注市场需求，发展优势产业，促进一二三产业融合发展，更多更好惠及农村农民。这一重要论述，为新发展阶段深入实施乡村振兴战略、加快农业农村现代化指明了主攻方向、明确了方法路径、提供了工作遵循。我们要牢记总书记嘱托，扎实做好"三农"工作，以促进农民就业增收为重点，强化乡村发展的产业支撑，全面推进乡村振兴，让广大农民共享现代化发展成果。

第一节　产业振兴是对全面推进乡村振兴的重大部署

习近平总书记在 2022 年中央农村工作会议上强调，产业振兴是乡村振兴的重中之重，要落实产业帮扶政策。2023 年中央一号文件指出，推动乡村产业高质量发展，这些重要部署，深刻指明了新征程抓好产业振兴的战略性和重要性，明确了全面推进乡村振兴的重点，意义重大。

产业振兴是乡村振兴的重中之重，这是我国实施乡村振兴战略后进入实现第二步战略目标的关键时期做出的重大判断，是"三农"工作重心历史性转向全面推进乡村振兴的重要部署。实施乡村振兴战略以来，我国农业农村改革与发展取得重大成就。脱贫攻坚取得全胜，农民农村同步进入全面小康社会，乡村振兴第一步战略目标已经实现，粮食综合生产能力得到巩固和提高，谷物总产量稳居世界首位。农民收入持续增长，脱贫攻坚成果得到巩固拓展。"三农"工作对开新局、应变局、稳大局发挥了"压舱石"作用。目前，我国新征程中全面推进乡村振兴工作已进入关键阶段。在这一重要历史阶段，中央提出把产业振兴作为乡村振兴的重中之重，是对全面推进乡村振兴的重要部署。

产业振兴是乡村振兴的重中之重，这是对我国乡村振兴实践的科学总结和概括。构建现代乡村产业体系，打造农业全产业链，既是加快农业农村现代化建设的重大任务，又是全面推进乡村振兴的坚实基础。乡村振兴战略的总体要求，第一项就是产业兴旺。五个振兴的总任务，第一个就是产业振兴。产业振兴是乡村振兴的基础，是推进县域城镇化、促进城乡融合发展的重要支撑。只有把乡村产业发展起来，建立健全现代乡村产业体系，才能真正实现乡村振兴的总要求、总任务和总目标。

第二节　必须大力推进乡村产业振兴

随着乡村振兴战略实施，农业农村现代化建设不断加强，我国乡村产业发展进入一个新阶段。大力推进乡村产业振兴，我国已具有坚实的产业基础和条件。

一、现代乡村产业呈现良好发展势头

近几年，中央一号文件对构建现代乡村产业体系做出重要部

署，出台了扶持现代乡村产业发展的政策措施。农业农村部制订了现代乡村产业发展规划，做出了具体安排。

（一）我国农业综合生产能力稳步提高

截至 2022 年，粮食生产实现"十九连丰"，连续八年稳定在 1.3 万亿斤（1 斤 = 500 克）以上。我国谷物总产量稳居世界首位。2022 年粮食总产量再创历史新高，达到 13 731 亿斤。2021 年我国人均粮食 483 千克，超过国际公认的 400 千克粮食安全线。粮食生产链、供应链稳定安全高效，成为乡村产业发展的基础和亮点。

（二）我国农产品加工业发展明显加快

2020 年，我国农产品以"粮头食尾、农头工尾"为主的农产品加工营业收入 23.2 万亿元，比上年增加 1.2 万亿元。农产品加工值与农业总产值之比为 2.4∶1，主要农产品加工转化率达到 67.5%。2021 年，规模以上农副食品加工业营业收入达 54 108 亿元，比 2012 年增加 1 962 亿元。

（三）我国乡村产业规模不断扩大

2020 年，我国乡村产业总产值为 29 万亿元，比 2010 年增长 20%。2020 年，全国农业及相关产业增加值达 166 900 亿元，比 2018 年增加 20 980 亿元，年均增长 6.9%；占 GDP 的比重为 16.47%。

（四）我国乡村文旅产业进入高速发展期

2015 年以来，乡村文旅休闲产业营业收入以年均 10% 的速度增长，已经发展成为接近万亿元的乡村产业。2020 年，休闲农业、农林牧渔专业及辅助性活动、农村电商等营业收入超 3 万亿元。

二、我国现代乡村产业进入一二三产业加快融合阶段

这一趋势符合世界上一些发达国家进入城乡融合和一二三产业融合的一般规律。从国际上看,一些发达国家大都在人均 GDP 1 万美元、城镇化率达到 60% 左右时转入城乡融合和一二三产融合阶段。我国 2019 年人均 GDP 突破 1 万美元,常住人口城镇化率达到 60.60%。因此,中央不失时机地做出推进城乡融合的重大部署,出台了关于建立健全促进城乡融合发展的体制机制的文件,制定了一系列政策措施,有力推进了城乡融合发展和乡村一二三产业融合发展。

三、我国农产品加工业及农产品产前、产中、产后生产发生深刻变化

世界上一些发达国家农村产业发展规律表明,当一个国家人均 GDP 超过 5 000 美元时,伴随工业化、城镇化发展,农产品加工产业将进入快速发展期。农业农村发展将主要依靠农产品加工和产业集群的崛起与发展壮大。我国 2011 年人均 GDP 开始超过 5 000 美元,2019 年已突破 1 万美元。农产品加工总产值与农业总产值之比,已由 2000 年的 0.3∶1 发展到 2020 年的 2.4∶1。可以看出,目前我国实行的"粮头食尾、农头工尾"模式已驶入加快发展的快车道,成为我国现代乡村产业的重要支柱产业。

第三节　全面构建现代乡村产业体系

现代乡村产业体系是相比较传统乡村产业体系而言的，传统乡村产业要转型升级、创新发展，融入现代乡村产业。现代乡村产业体系，是指依托区域内农业资源、生态资源、文化资源以及人才、数字、科技、品牌等资源，开发区域内的名优特产品，把产品发展成产业，把小品种做成大产业，形成全产业链和产业管理体制机制的综合体。

习近平总书记在 2022 年中央农村工作会议中指出，做好"土特产"文章，依托农业农村特色资源，向开发农业多种功能、挖掘乡村多元价值要效益，向一二三产业融合发展要效益，强龙头、补链条、兴业态、树品牌。随着现代农业发展和科技进步，现代乡村产业体系的内涵和外延发生深刻变化。要拓展农产品及乡村产业的视野，深化认识现代乡村产业的内涵与外延。对农业农村发展新阶段，农产品及乡村产业要再认识再深化。农产品既包括食用农产品，又包括文化产品、生态产品；乡村产业，既包括食用农业产业，又包括农村的文旅产业、生态产业和康养产业等。现代农业已不仅是提供人类食和用的产品和产业，而且还提供人类文旅消费及生态消费的产品和产业。随着生活水平的提高和健康意识增强，人们对乡村文旅、生态产品及产业的消费需求日益增长，乡村文旅产业及生态产业具有巨大的发展空间。

构建现代乡村产业体系，加快现代乡村产业发展，应以中央新发展理念为指导，以市场需求为导向，以科技为支撑，加快发展绿色优质、高产高效、特色多元的产业，促进现代乡村产业集群发展，建立稳定安全的产业链、供应链和产业集群。

一、加快发展农牧产业

这是构建现代乡村产业体系的重中之重。习近平总书记在2021年中央农村工作会议中指出，保障好初级产品供给是一个重大战略性问题，中国人的饭碗任何时候都要牢牢端在自己手中，饭碗主要装中国粮。同时，习近平总书记在2022年中央农村工作会议中强调，保障粮食和重要农产品稳定安全供给始终是建设农业强国的头等大事。2023年中央一号文件提出，实施新一轮千亿斤粮食产能提升行动。因此，加快构建现代乡村产业发展，最为重要最为基础的是，要把现代农牧业摆在首位。农业要稳字当头，稳中有进。首先，2023年要稳定粮食生产面积，稳定粮食扶持政策，大力扩大大豆和油料生产，确保全年粮食生产稳定在1.3万亿斤以上。深入实施"藏粮于地、藏粮于技"战略，提高国家粮食安全保障能力。要着力解决好地、种、机的问题。要切实保住18亿亩耕地，保住15.5亿亩（1亩≈667平方米）永久性基本农田，推进实现2030年建成12亿亩高标准农田的目标。要深入实施种业振兴行动，保持和提升三大主粮种子优势，切实解决和突破畜牧业与高端蔬菜种子瓶颈制约问题。要加快农机智能化，提高农机装备水平。其次，

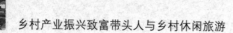

要加快发展现代畜牧业，农业农村部制定印发的《"十四五"全国畜牧兽医行业发展规划》提出，构建"2+4"现代畜牧业产业体系，着力打造生猪、家禽两个万亿元级产业和奶畜、肉牛肉羊、特色畜禽、饲草四个千亿元级产业，并明确了每个产业的发展指标和产业布局。

二、加快发展现代农产品加工业

这是现代乡村产业的支柱产业。要以"粮头食尾、农头工尾、工头销尾"为抓手，搭建平台，完善机制，培育龙头，加快构建现代农产品加工业。要把发展县城农产品加工业摆在重中之重的位置。要大力支持粮食主产区和农区依托县城发展现代农产品加工产业集群。支持县城农产品精深加工，建成一批农产品产业村镇和加工强县。要立足县域，统筹县城、乡镇、农产品集散地、农业结构、特色优势，合理布局产地加工、精深加工，建设现代产业园、产业强镇和产业集群。要把产业链主体留在县域，让农民分享更多产业增值收益。要引入大型农产品加工企业成为乡村产业发展的龙头企业，促进农业转型升级。要引导和支持农产品加工龙头企业进入城乡产业，共建"五园一体"。建立健全农产品加工龙头企业同农民的产业化利益联结机制，带动新型集体经济发展，促进农民和农村共同富裕。

三、加快发展现代农业农村专业化社会化服务产业

要把两个服务体系办成两个产业，完善产业功能，提升服务能

力。两个服务产业是农业农村现代化的重要构成，是农业农村现代化的载体。一个是专业化社会化的生产性农业服务体系及产业。生产性的农业服务产业，对农业生产实行托管服务，可以代耕代种、联耕联种，也可以半托半管、全托全管，以合同契约为纽带，线上线下服务相结合，促进托管服务制度化、社会化、专业化和标准化。另一个是专业化社会化的生活性农村服务体系及产业。对农村社区各类生活性服务，实行托管服务，可以半托半管、全托全管，可以急事急办、随叫随办，以合同契约为纽带，线上线下相结合，促进生活性农村服务制度化、社会化、专业化、标准化和社区化。两个服务产业，要以县城和乡镇所在地、小城镇为中心，强化县乡两级综合服务能力，打造两个半小时生产性和生活性服务圈。要逐步健全完善两个服务产业，提高服务效率和质量，增强公信力。

四、加快发展现代农产品流通产业

这是农业农村现代化建设的重要组成，是构建双循环新格局和统一大市场的重要环节，是促进生产发展、农民增收、满足消费的有力保证。建立健全农产品冷链物流体系，统筹规划，分级布局，严格标准。着力加强仓储保鲜、冷链运输、保鲜销售等基础设施，建设一批冷链物流中心。建设多元化、多层次的农产品冷链物流体系，扶持家庭农场、农民合作社、供销合作社、邮政快递、农业产业化龙头企业，在农产品产地或集散地建设冷藏保鲜、仓储运输、就地加工等基础设施。加快完善县乡村三级农村物流体系，改善提

升农村寄递物流条件，推进田头冷藏保鲜、冷链物流设施建设，建立县乡农产品产地低温直销配送中心和国家骨干冷链物流体系及产业。要加快发展农产品冷链物流产业，建立健全农产品冷链物流管理机制。深入推进农村电子商务体系发展，合理布局网点，深入实施电子商务进村综合示范，建设现代化的农产品安全稳定的供应链，培育供应链主体。发展新型流通销售业态，加强农商互联，紧密产销对接，健全农社、农企、农校、农超产销对接，培育现代流通品牌。

五、加快发展农村文旅康养产业

开发农业的多功能性，发展多元结构产业。农村的文旅康养产业是现代乡村产业的朝阳产业。应以城乡居民的消费需求为导向，深入挖掘农业农村的生态涵养、休闲观光、文化体验、健康养老等多种功能和资源，实行农耕文化、休闲康养和农村文旅精品工程相结合，发展文旅农业、观光农业、体验农业和生态农业，加快发展现代农村文旅康养新产业新业态，拓展农业农村就业增收渠道，把农村文旅康养产业办成农民农村共同富裕的支柱产业。

第四节　大力推进乡村产业高质量发展

推进乡村产业高质量发展，是新征程乡村振兴的重要要求。要认真贯彻实施习近平总书记关于产业振兴的重要指示，落实 2023

年中央一号文件的具体部署，采取有效措施，强龙头、补链条、兴业态、树品牌，推动乡村全产业链升级，增强市场竞争力和可持续发展能力。

一、要坚持现代乡村产业绿色发展

以中央新的发展理念指导，践行绿水青山就是金山银山理念，坚持山水林田湖草沙一体化保护和系统治理，坚持农业和乡村产业发展走生态、高效、循环的路子，不能以牺牲资源和生态环境为代价发展产业。要保护和节约资源，特别是要保护好耕地和淡水资源，牢牢守住 18 亿亩耕地红线，保护好 15.5 亿亩永久性基本农田，稳住 17.6 亿亩粮食播种面积。要提高资源利用效率，对农业资源和投入品要减量化、循环化利用。要发展绿色低碳乡村产业，节能减排、减损降耗，协同推进降碳、减污、扩绿、增长，实现经济效益、生态效益和社会效益相统一。

二、要坚持"小品种大产业"的发展理念

习近平总书记高度重视把农业小品种发展成大产业，多次做出"把小品种发展成大产业"重要指示。"小品种大产业"论述，蕴含着充分发挥名优特精农业及品种资源优势、发展特色农业产业、调整优化乡村产业结构、把小品种特色产业做大做强的理念，是构建现代乡村产业体系的重要指引。我国是世界上农业种质资源和农产品品种最为丰富的国家。名优特精农业小品种十分丰富，数量众

多、发展潜力巨大。要开发小品种农业产业，创建小品种品牌。搞好农产品小品种加工传承与创新，加快农产品小品种特色产业发展。进一步优化农业产品和产业结构，注重普查和挖掘农业小品种资源，发挥小品种优势，发展特色农业产业。

三、要依据资源优势和特色确立主导产业

充分发挥资源优势，突出产业特色，确立主导产业，打造优势产业，构建现代乡村产业集群。要提高主导产业的文化和科技含量，提高竞争力。要以主导产业为主体，发展多元化的产业结构，发展乡村文化、旅游、休闲、康养等产业，发展休闲、体验、观光和生态等农业，加快培育现代乡村产业的新业态新模式。我国建立了特色优势农产品保护区，已有300多个县被纳入。县域是我国特色优势农产品保护区的基本单元。因此，要优化特色优势乡村产业布局，大力支持并加快形成"一村一品""一乡一业""一县一特"现代乡村产业发展新格局。

四、要大力推动现代乡村全产业链升级

全产业链升级是乡村产业转型升级的关键，是建设农业强国的重要任务。加快推进农业全链条产业化，促进农业由产品向产业转变，从农业产业向产业链转变，从单短产业链向全长产业链转变，打造优质高效安全稳定的生产链、供应链和价值链。要充分发挥各类农业产业化龙头企业的带动领跑作用，为龙头企业加入农业生

产、加工、流通领域创造条件。建立健全农商产业联盟、农业产业化联合体等新型产业链主体，打造一批产销一体的全产业链企业集群。要大力发展专业化社会化的农业生产性社会化服务业和农村生活性社会化服务业。

五、要加快现代乡村产业的科技进步与创新

现代科技是现代乡村产业发展的有力支撑。要用现代科技破解我国乡村产业发展滞后的瓶颈制约。要把现代科技和人才作为现代乡村产业发展的第一动力，应用现代科技开发农业资源，提升传统农业产业，创新新型农业产业。特别应加快应用现代种养技术、育种技术、农机技术、加工技术、植保技术、信息技术、流通技术综合集成，加快建设现代化的农业全产业链。要促进数字技术与乡村产业深度融合。要加快发展绿色低碳乡村产业，创新绿色产业技术及其产品产业，促进绿色产品和产业发展。

六、要以品牌引领现代乡村产业发展

树品牌是促进现代乡村产业高质量发展的重大举措。要实施农业生产"三品一标"提升行动，即品种培优、品质提升、品牌打造和标准化生产。要提高农业品牌的文化、科技含量，创新产品品牌、产业品牌及区域公用品牌，加快形成以区域公用品牌、企业品牌、大宗农产品品牌、特色农产品品牌为核心的农业及产业品牌格局。要把品牌农业、地标农产品及产业发展纳入到转变农业发展方

式、全面推进乡村振兴和加快建设农业强国的制度性安排中。大力推进品牌农业、地标农产品及其产业的理念创新、技术创新、业态创新和文化创新，要创新和延长地标农产品及产业的生产链和价值链。打通地标农产品品牌、地标农产品加工品牌、地标文化品牌3条路径，提升地标农产品产业链、供应链和价值链的规模效应。

【想一想】

1. 为什么说产业振兴是乡村振兴的重中之重？

2. 如何推进乡村产业振兴？

3. 全面构建现代乡村产业体系包括哪些内容？

4. 如何推进乡村产业高质量发展？

第二章　乡村产业振兴突破要素

【本章导读】

民族要复兴，乡村必振兴。党的二十大报告中指出，全面推进乡村振兴。坚持农业农村优先发展，坚持城乡融合发展，畅通城乡要素流动。加快建设农业强国，扎实推动乡村产业、人才、文化、生态、组织振兴。产业振兴排在了乡村振兴五大振兴目标之首，可见其在实现中国式现代化进程中的重要性。要实现乡村产业振兴还有很长的路要走，还有很多困境、难题需要解决和突破，只有坚持问题导向，把握产业振兴的痛点、难点，对症下药，解决问题，才能有效地实现产业振兴。大海航行靠舵手，万物生长靠太阳。产业要振兴，农民要致富，致富带头人少不了，有了致富带头人的示范带动，让更多的人投身到乡村振兴产业的大潮中来，产业致富才能实现以点带线、以线带面、以面带体，立体发展，全面开花，实现人民增收，乡村全体富裕，达到产业兴旺、生态宜居、乡风文明、治理有效、生活富裕。

第一节　乡村产业振兴面临困境和难题

党的二十大报告强调要"全面推进乡村振兴""坚持农业农村优先发展"。产业振兴是乡村全面振兴的基础和关键，是乡村振兴的重中之重。振兴乡村产业能为农民增收和农村富裕提供有力保障。乡村产业振兴要走一二三产业融合发展之路，推动农业产业链延伸融合，推动乡村产业功能拓展融合，培育壮大三产融合发展组织载体，实现工业与农业、城镇与乡村联动发展。当前乡村产业发展仍面临产业融合发展不充分、产业体系发展滞后等亟待解决的困境和难题。

一、产业融合发展不充分，小农户增收引领受限

乡村产业融合主要以农业为依托，通过体制创新、技术渗透、产业集聚、产业联动等方式，实现资源、技术、资本等要素的合理配置，进而促进一二三产业有机融合。目前，乡村产业融合发展呈现出一二三产业结构不优的特征，具体表现为，一是种养产业发展规模较大但产业化经营程度不高，加工产业规模较小、深加工程度不高、产业链不完善，服务产业起步较晚，比重较小。二是产业融合发展程度低，大部分农村地区种植、养殖的农产品基本处于原料出售阶段，经营管理粗放，农户的直接收入不高。养殖产业小型养殖户较多，形成一定规模的不多。旅游产业项目单一，竞争力不

强，持续发展能力较弱。电子商务网点少且小，农产品售价低，出售无路。三是第一产业与二三产业融合程度低、层次浅，产业规模效应、品牌效应不明显，特色产业不特、优势产业不优，产业融合发展程度低，使得农业产业链较短，农村产业范围较窄，农业附加值不高，农民收入也就得不到有效增加。二三产业发展相对滞后。同时，在乡村产业发展中也存在引领农户增收能力受限的问题，主要表现为农业产业链短，产品转化能力不足；非农产业割裂，"农业+"模式尚未得到广泛有效应用；乡村产业融合过程中侧重经济功能，生态、文化等其他重要功能拓展不够。当前乡村产业融合发展在农民增收、协调发展以及产业融合功能的开发与激活等方面存在短板，制约了乡村产业高质量发展。

二、产业体系发展滞后，科技支撑动力不足

目前，乡村产业存在发展质量不高、销路不畅，同质化突出，特色不足，品牌化滞后，技术匮乏，传统要素投入依赖高，产业集中度低，科技贡献率不高，乡村振兴所需人才供给不足等问题。农村农产品基本上以粗加工和传统粮油种植为主，人力物力投入多，受天气影响大，导致创造的产值不高，经济作物种植少，水果作物形成产业化、规模化较慢，加上管护标准、程度不一样，导致产品品质不一，很难形成稳定、高质的产销体系。

目前，农业科技创新驱动体系不完善，科技支撑和引领作用还未完全发挥。主要表现在科研活动与农业农村经济发展需求脱节，

农业科技创新能力和水平不够高，农业科技创新活力和动力不够强；农业科研投入严重不足，投入方式不合理；驱动创新的体制机制有待健全，创新文化不适应创新实践要求；技术人才匮乏，科技支撑力量较弱等方面。

三、经营主体赋权分散

现阶段，产业经营主体结构多以传统形式出现，主要依托种植、养殖业，农业产业化中的龙头企业少，产业组织化程度低，以分散的小户种养为主，经营主体间的利益联系仍然较为松散，合作形式也比较单一。目前，各类农业主体在合作经营当中的利益联结以土地租赁关系、农产品及原料买卖关系为主，产业融合主体间采取契约式、分红式、股权式等，紧密型利益联结方式的占比仍然不高。

四、农户市场关系松散，市场衔接能力较弱

当前小农户的市场衔接能力仍然不佳，在市场竞争中处于明显劣势。小农户由于自身资本投入能力有限、无法快速有效应用农业新技术，市场信息获取速度较慢，在适应市场需求方面处于劣势。而在当前仍占相当比重的小农经营中，小农户多处于收益较低的种植、养殖生产环节。同时小农户由于自身生产要素制约，难以形成规模生产水平，导致市场交易成本较高、市场交易能力较弱，抵御风险能力较低，没有话语权，处于"食物链"的最底端，基本靠

"天"吃饭，市场行情好，就赚，行情差，就赔。

第二节 坚持问题导向，找准产业振兴突破点

看病讲究"望、闻、问、切"，对症下药，治标治本。乡村产业振兴也是同样如此，找到产业振兴面临的问题和困境，找准"突破点"，坚持问题导向，实行精准制导、靶向治疗。

一、深入推进农村一二三产业高效融合，促进乡村产业高质量发展

推进农村产业融合发展是构建现代乡村产业体系、实现乡村产业振兴的重要途径。近年来，中央高度重视农村产业融合发展，每年一号文件都把其放在重要位置，有关部门专门制定了相关规划和政策措施。2022年中央一号文件提出，把"持续推进农村一二三产业融合发展"作为"聚焦产业促进乡村发展"的首要任务，对持续推进农村产业融合发展进行了全面安排部署。当前，我国农村产业融合发展已经进入高质量持续推进的新时期。在新形势下，必须从功能价值挖掘、多元主体培育、新业态催生、新载体打造和新模式构建5个方面入手，全方位高质量持续推进农村产业融合发展。促进乡村一二三产业融合，是人多地少国家延长农业产业链、促进乡村产业高质量发展的必经之路。从产业业态的视角，按照"延长产业链，提升价值链，完善利益

链"的理念思路，打破产业层次与价值利益链中的藩篱，从而推动农村产业融合发展。

二、充分发挥政府与市场分工协同效应，完善乡村产业振兴长效机制

实现乡村产业振兴，既要加快市场机制改革，也要推进政府职能转换。目前市场全面发育不足、市场总体发展程度不深、市场配置资源的作用机制不健全，即存在改革发展过程的市场作用领域、程度和效果的区域间差异。因此，要进一步深化市场化导向改革，进一步充分、有效发挥市场在配置产业资源中的决定性作用。未来发展一定要强化政府的区域统筹发展能力，更好发挥政府引导产业协调发展的作用，建立产业发展的统筹机制。政府引导作用主要体现在政策规划、示范引导和投入撬动3个方面，而市场引领作用则体现在投资引领、产业融合引领、带动致富引领3个方面。进一步发挥政府与市场分工协同效应，是构建乡村产业振兴长效机制的重要保障。

三、加强科技成果转化的金融支持，提升乡村产业科技创新能力

加快农业科技创新步伐，强化农业科技支撑作用，是提升乡村产业创新能力的当务之急。应发挥现代农业技术对乡村产业振兴的支撑作用。完善现代农业技术体系，不仅要依靠科学技术本身应用

效率的提高，还要依靠科技应用主体对技术进步的适应能力以及相关体制机制的变革。应发挥信息技术对农业农村发展的支撑作用。发展"互联网+"等信息技术，结合地方农产品特色，大力发展特色农产品电商等产业模式。应加强金融支持对科技成果转化的支撑作用。鼓励探索财政、金融协同支持乡村产业发展的路径，鼓励地方财政支持政策和金融、保险、担保等部门协同发力，帮助农业主体增强抵御风险的韧性。以涉农高校科研院所为依托，加强企业与高校间的科技成果转化与实践联结，带动地方农业企业及农户的产业发展。

四、加快培育新型农业经营主体，激发乡村产业振兴活力

习近平总书记在党的二十大报告中指出，"发展新型农业经营主体和社会化服务，发展农业适度规模经营"。党的十八大以来，各地区各部门加大培育新型农业经营主体的力度，一个又一个以市场为导向、以质量效益和竞争力为目标的家庭农场、农民合作社、龙头企业等新型经营主体推进现代农业，为新征程上加快由农业大国向农业强国迈进创造了有利条件，夯实了发展基础。新型农业经营主体就是基于农业可持续发展的现代化目标，通过集约化、规模化、组织化的生产经营活动，高效配置农业领域中劳动、资本、土地和技术等投入要素，为社会供给标准化、商品化的农产品。新型农业经营主体是我国实现农业现代化的关键，搭建了小农户与现代农业有效衔接的桥梁，它的内涵会随着时代不断改变和延伸，现阶

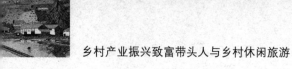

段常见的专业大户、家庭农场、农民合作社、农业龙头企业等都属于新型农业经营主体。

新型农业经营主体对市场变化反应灵敏，采用现代农业生产技术的意愿强烈，具有发展现代农业产业的优势，加快培育新型农业经营主体是实现小农户与现代农业有机衔接的有效路径。要培育新型农业组织，从传统的农业生产组织和主体中跳脱出来，如培养一批有"一懂两爱"情怀的人才，创新"三位一体"的组织制度等。要创新出台创业融资支持政策，创新体制机制，为新型农业经营主体融资提供更为便利的信用担保，加大政策性银行对新型农业经营主体发展的支持力度。

五、推动完善小农户利益分享机制，让更多小农户融入大产业

实现小农户和现代农业发展有机衔接是党的十九大确定的实施乡村振兴战略的重要任务，是促进农民农村共同富裕的重要举措。2020年中央一号文件提出，"推动农村一二三产业融合发展。加快建设国家、省、市、县现代农业产业园，支持农村产业融合发展示范园建设，办好农村'双创'基地。重点培育家庭农场、农民合作社等新型农业经营主体，培育农业产业化联合体，通过订单农业、入股分红、托管服务等方式，将小农户融入农业产业链"。这为转变农村发展方式、进一步保障和提高广大农户收益指明了方向，规划了路径。

让小农户融入农业产业链，是为了摒弃落后的生产方式，向规范化、现代化农业转变。以合作社为代表的各类新型经营主体把分散的农户集结起来，按产业链的标准组织生产，推行步调一致、有约束机制的现代生产方式，有助于降低生产成本，提升农产品的市场竞争力。

在 2022 年中央农村工作会议上，习近平总书记强调，要发展适度规模经营，支持发展家庭农场、农民合作社等新型经营主体，加快健全农业社会化服务体系，把小农户服务好、带动好。全面推进乡村振兴，必须不断深化农村改革，激发农业发展活力。

以小农户为主的家庭经营是目前我国农业经营的主要形式，也是我国农业发展必须长期面对的现实。因此，在分散经营基础上发展现代农业，社会化服务不可或缺。从种苗供应到租用机械，从生产托管到代耕代种，各地在实践中积累了有益经验。实践证明，多元化、多层次、多类型的社会化服务，可以将先进适用的品种、技术、装备、组织形式等现代生产要素有效导入农业生产中，不仅有效满足了农户需求，也推动实现农业现代化。

2022 年，我国粮食产量再次站稳 1.3 万亿斤台阶。不断深化农业改革，出台相关扶持政策，引导各方深入参与，加快构建以农户家庭经营为基础、以合作与联合为纽带、以社会化服务为支撑的立体式复合型现代农业经营体系，一定能更好组织小农户、服务小农户、提升小农户，让农业更有奔头、更有希望。

第三节　培养产业致富带头人的战略意义

大海航行靠舵手，万物生长靠太阳。产业要振兴，农民要致富，致富带头人少不了，有了致富带头人的示范带动，产业致富才能实现以点带线、以线带面、以面带体，全面开花，实现乡村全体富裕。随着乡村产业振兴的发展，特别需要一群敢于创新、不怕艰难、相信科学和知识的力量、勤劳致富的优秀农村产业致富带头人。

产业致富带头人在乡村产业振兴中具有重要的战略意义。

一、促进农村经济发展和产业结构调整

农村致富带头人在减少农业结构调整盲目性、促进农产品交流方面发挥着不可或缺的作用。他们为本地的特色产业打开了销路，通过他们的价格引导，减少和避免了"谷贱伤农"等挫伤农民积极性的现象，同时也为市场所需的农副产品开辟了新的生产基地，引进了适销对路的种植、养殖品种，使农民有了新的致富途径，从而促进了当地农村经济的发展和产业结构的调整，产业致富带头人是产业振兴的"探路者"。

二、传播致富新观念，带动农户共发展

产业致富带头人都有一种"敢为天下先"的勇气，他们率先融

人市场经济大潮中，逐渐成为农村致富的示范户，正是有了自己身边熟悉的人现身说法，一些农户开始壮起胆子跟着他们闯，同时，致富带头人、示范户们也利用自己在资金、技术、原材料、流通渠道等方面的优势，帮助周边困难的农户共同发展，在产业振兴中起到"领头雁"的作用。

三、提高了农民组织化程度

产业致富带头人组织专业协会，与人合伙经营、股份合作经营，是把农民组织起来的有效形式，是更有效的"黏合剂"。同时，也推动了村风文明建设，弘扬社会主义文明新风。随着经济社会的发展，农村人的生活方式也在悄然地发生着变化。产业致富带头人在追求物质富裕的同时，也关注着自身的生命健康、精神追求、子女教育等，追求着更高质量的生活。他们除了学习科技、文化知识外，还积极建设文明家庭，融洽与家庭成员之间的关系，能得到家庭其他成员的支持，也是他们闯市场的不可缺少的精神动力。

产业致富带头人是农村新技术、新品种最先尝试者和传授人、农村新的生活方式示范者；他们头脑灵活，善于学习，敢于实践，能够用敏锐的眼光探索出致富之路；他们吃苦耐劳、精打细算，有人负责在村里开展多种经营，给村民创造就业机会，还有人负责村民产品销路；他们具有经济能力并能承担一定社会责任，起到模范和引导作用。在这些产业致富领头人的带动下，产业振兴会更早一步实现。

第四节　强化产业致富带头人示范效应

产业带头人是新技术、新知识的推广者和农村生产生活变革的示范者，是创新创业的探索者和实践者，是自力更生、艰苦奋斗的典范。他们在着力致富方面对农民增收发挥着辐射、示范和带动作用，对加快实现乡村振兴具有重要的现实意义。

一、加强培训，提升致富带头人带富能力

各基层党组织要采取邀请上级单位进行系统培训，组织自行培训、远程教育，开展个性化学习，进行生产基地现场演练等方式，对致富带头人进行全方位、多层次的教育培训，不断更新致富能人的技术知识，增强其带富能力。要围绕产业布局，组织科技专业人员、农业辅导员，深入农村开展技术帮扶，实施村干部学历提升行动，举办党建扶贫培训班，针对农村党员群众在致富带富中缺思路、少技术的问题，分类设置培训内容，从企业策划和管理、资金筹措和扶持等方面进行系统培训和跟踪帮扶，营造积极向上的创业带富氛围。

二、强化激励，激发致富带头人带富潜能

在管理和激励上采取有效措施，着力拓展致富带头人就业创业空间，努力营造示范带动的良好环境，激发出致富带头人干事创业

热情。对确定为致富带头人的能人，挂"致富带头人示范户"标识门牌，对受帮扶的群众挂"致富带动户"标识门牌。通过挂牌的形式，增强致富带头人的责任心和荣誉感，方便群众与致富带头人之间的联系。建立"党支部联系致富带头人、致富带头人联系贫困群众"两联工作模式。各村党支部与致富带头人建立指导联系机制，定期了解致富带头人带富情况。同时各村按照贫困户的类别特点建立带富小组，通过传、帮、带、教，解决群众发展资金、技术等问题，帮助和引导群众致富增收。建立激励机制，提升带动创业致富动力。对致富带头人实行目标管理、考评激励机制，开展年度创业带富评比活动，对评选出来的典型，给予一定物质奖励、优惠政策，并在资金信贷等方面给予优先考虑。

三、示范引领，发挥致富带头人引领作用

以党组织为龙头，组织发动致富带头人加入农民专业合作社，通过聚集资金、技术、资源打造示范基地，提高致富带头人的组织化程度，推动自主创新能力、集约集聚发展水平不断提升，最大限度发挥致富带头人的示范和辐射带动作用。要求各基层党组织引导整合致富带头人各种资源，并进行科学合理的规划分配，通过建设创业带富示范基地，增强整体实力和抵御市场风险的能力，不断提高农业、旅游业经济效益，走出了一条产业支撑、能人带动、全民参与的农村改革发展之路，有效凝聚民心，推动特色产业迅速发展，带领贫困群众大步迈向全面小康新征程。

【想一想】

1. 乡村产业振兴面临的困境和难题有哪些？

2. 如何解决乡村振兴面临的困境和难题？

3. 培养产业致富带头人的意义有哪些？

4. 怎么强化产业致富带头人的示范效应？

·28·

第三章 构建乡村振兴产业致富带头人培养体系

 【本章导读】

产业致富带头人在产业振兴中起着"探路者""领头雁"等作用，产业致富带头人是农村新技术、新品种最先尝试者和传授人、农村新的生活方式示范者；他们头脑灵活，善于学习，敢于实践，能够用敏锐的眼光探索出致富之路；他们吃苦耐劳、精打细算，有人负责在村里开展多种经营，给村民创造就业机会，还有人负责村民产品销路；他们具有经济能力并能承担一定社会责任，起到模范和引导作用。既然产业致富带头人如此重要，我们就要变"输血"为"造血"，"授人以鱼不如授人以渔"，着力打造一支创业能力强、经营水平高、带动作用大的农村致富带头人队伍，引领带动农民群众持续稳定增收并加快向富裕富足目标迈进，系统完善地培养产业致富带头人体系，为全面推进乡村振兴、加快农业农村现代化注入强劲动力，培养出更多的产业带头人，带领更多的人致富。

第一节　产业振兴人才培养面临的现实挑战

乡村振兴，人才先行。人才是实现乡村振兴的关键要素，近年来，各地坚持人才引进、培养、使用和管理并重的原则，着力创新人才管理工作机制，切实优化人才工作环境，开发提升人才能力素质，激发人才创新、创业、创造力，不断推动人才振兴发展，但仍面临一些挑战。

一、基层人才流失严重

乡镇在农村人才稳定方面存在着很多问题。一是农家子弟考入大学后很少再回到农村。二是当前大力推进农村城镇化进程，促使大量农村剩余劳动力和相当一部分高素质人才向城镇转移，35 岁以下农村人才占比较低，农村普遍存在劳动力老龄化现象。三是对于青年人才来说，农村个人发展机遇小、生活节奏缓慢、基本物质条件较差等问题导致人才流失严重，对于留住外来人才更是难上加难。四是基层工作繁复冗杂，基层工作人员往往一个人要承担几个人的工作，工资待遇与工作强度不成正比，烦琐的工作任务、巨大的工作压力让他们选择"逃离基层"。政府已出台了一系列政策，为各类人才打造平台、创造发展机会。但也还存在多村人才引进机制不规范、激励机制不到位、流动机制不灵活等问题，体制机制障碍成为乡村人才留不住的首要原因，导致优秀人才流失严重。

二、基层人才整体结构不合理

基层现有农村技术人才中掌握传统农业技术的居多，而掌握现代农业生物技术、信息技术的人才明显不足，大多数农业经营者及农村实用性人才学历水平偏低，知识结构比较单一，缺乏市场经营、法律等方面的知识，相对制约了自身发展。老龄化问题严重，在组建基层人才队伍的过程中，大多数以中年人群组成，虽然具备丰富的实践经验，但由于受到了经历和年龄等方面的限制，导致他们在学习的过程中，对新技能、新知识存在较强的抵触心理，所以无法进一步提升人才队伍的综合实践能力。在基层人才队伍建设作业的实施过程中，尚未建立统一化的管理模式，且缺乏完善的人才培养机制，难以调动人才的积极性和主动性，无法将年轻人才引入到基层人才队伍当中。

三、城乡生活环境差距大

基层发展相对落后，基础设施相对不全，与优质资源多、工资收入高的发达城市相比，乡村还存在优质资源匮乏、发展机会受限、持续发展空间不足等问题，基层的现实条件让"优质人才"望而却步，造成基层人才短缺，一些乡村致富能手、技术骨干、管理人才等本土人才向城市流动，同时外来优秀人才又难以留在农村。对比城市，农村生活环境在政策、待遇、住房、交通、教育等基础设施方面存在较大的差距。虽然兴起的职业教育为农村注入了生机和活力，但农业效益普遍较低，短时间内农民看不到农业的希望，不愿学农务农，青年农民大多走上了外出打工的道路。

第二节　创新实现路径，突破乡村人才振兴困境

在社会经济高效化的发展过程中，推动现代化产业的转型与升级，需要明确相关建设项目的总体要求，突出基层人才队伍建设的重要作用。在新时代背景的影响下，结合基层人才队伍建设阶段所存在的问题与不足，通过综合考虑提出有针对性的应对措施，坚持与时俱进的人才培养原则，确保相关政策体系的完善性，为关键产业和基础设施建设提供充足的人才支持。为了充分发挥基层人才的实际效用，需要在基层建设阶段，根据最终的工作成效，为人才提供有针对性的引导，激发人才的活力和动力，通过满足人才的物质需求和精神价值，使人才能够积极融入基层建设过程中。

一、促进思想统一，强化凝聚效力

对于基层人才来说，其自身的思想和认知处于高效化的变化状态，且不同的人员思维模式有所不同。为了强化基层人才队伍的凝聚力和向心力，需要设置统一化的思想价值观念和发展目标，使人才的发展理念能够与人才队伍的综合发展规划保持一致。除此之外，在确立统一标准的情况下，需要对基层发展目标进行转化，使其能够作为人才自身的发展目标，保障价值观念的趋同性，使人才

能够积极配合基层生产工作的开展，使人才能够以团结协作的形式，提高基层工作的实施效率。不仅如此，当人才的思想处于客观变化的情况时，需要借助完善的思想政治工作，保障人才价值观念的统一性，通过达到思想层面的统一，加强人才队伍对于基层工作的认可度。

二、强化顶层设计，完善引进机制

为了充分发挥出人才的引导作用，需要建立高素质、高水平的基层人才队伍，促进经济、政治、文化、生态等基层项目的协调发展，促使相关产业能够顺利转型。此外，需要加大对人才引进工作的宣传力度，通过转变基层认知，突出人才队伍的重要价值，并为基层人才体系提供多元化的培训和发展机遇，满足人才对于生活和精神方面的追求，规避人才流失等问题。在建立基层人才队伍的过程中，需要同步完善评价考核机制，对人才评价制度予以细致化处理，保障考核机制的可行性，对不同层次和岗位的人才进行评价，调动人才的积极性和主动性。

三、建立完善基层人才引进机制

在制定政策和制度时，需要对人才引进政策予以优化和完善，将其作为基层人才队伍建设阶段的核心，采取有针对性的人才引进办法，结合实际需求制定与之相对应的政策，从而解决人才流失等问题。不仅如此，还应根据人才的工作技能，在满足岗位需求的情况下，有意识、有目的地引进基层人才，并结合基层建设的发展需求，树立完善的人才引进原则，在现代化基层建设中，突出人才的服务性和技能性作用。同时，借助薪酬待遇和工作条件等方面的支持，能够发挥出人才的主体价值，使其能够明确意识到基层建设的重要作用，通过将自身的个人规划与基层建设方向保持一致，进一步强化人才的理想与信念，发挥出新时代基层人才队伍建设的重要作用。另外，还应从物质和精神等双重层面，改善原有的单一化政策导向，通过提高人才的薪资待遇，结合人才的功能特性，综合考量人才的实践能力，确保政策和制度能够准确落实到个人，充分发挥出人才的职业优势。

第三节 构建乡村产业致富带头人培养支撑体系

近年来，各地坚持人才引进、培养、使用和管理并重的原则，着力创新人才管理工作机制，切实优化人才工作环境，开发提升人才能力素质，激发人才创新创业创造活力，不断推动人才振兴发展。但是，依然存在一些问题亟待解决。

一、在"引"上做文章

要完善引进机制。依据乡村振兴发展需求，明确人才引进方向，多措并举引进大批懂技术、懂市场、懂农业的专门实用人才，重点引进农业经营管理、环境治理、文化传播等人才。注重人才回流,让曾经"走出去"的成功人士"走回来",把在外积累的经验、技术以及资金带回本土,改变人才由农村向城市单向流动的困局。

二、在"留"上下功夫

各地已经制定了关于进一步聚集人才创新发展的若干意见,但对县一级来说,乡土人才的奖励政策还没有普惠性。要降低政策实施门槛。将乡土人才纳入进来,用政策留住人才,尤其是乡村企业家,种植、养殖大户等致富带头人,从培养成才、吸引返乡创业、引进外来人才3个维度同时进行。

三、在"高"上求突破

要构建人才梯队,分层次、分领域、分方向地实施定向分类培养,重点加大高精尖端、技术创新等高端型人才以及"土专家""田秀才"等实用型人才培养力度。要注重学用结合,依托农业院校、科研单位、职业教育、技能培训等平台,强化乡村人才理论结合实践能力,按照农民"点餐"、专家"掌勺"、政府"买单"的方式,实施"专家授课+课堂培训+基地实训+创业指导+扶持政策+新型职业农民"的精准培育,集教育培训、认定管理、政策扶持、跟踪服务全程化于一体,努力培育一批爱农村、懂技术、会经营的乡村人才队伍。要培育致富能人,发掘和选育一批受教育程度高、思维活跃、有拼劲闯劲的生产能手和经营能人,带动农民就业增收。

四、在"用"上见实效

要强化"凭能力用干部，以实绩论英雄"的用人导向，把能力突出、业绩突出、有专业能力、专业素养、专业精神的优秀干部及时用起来。针对乡村干部等管理人员，可以采取下派、外引、内育等方式，注重从农村致富带头人、外出务工经商人员、复员退伍军人和乡贤等群体中，选优配强村级党组织书记，提升村干部服务群众、助力乡村振兴的能力；在福利待遇上，着重解决他们的待遇和身份问题。

第四节　畅通乡村振兴人才返乡下乡通道

乡村振兴，人才振兴是关键。2021年2月，中共中央办公厅、国务院办公厅印发了《关于加快推进乡村人才振兴的意见》，指出要"贯彻党管人才原则，将乡村人才振兴纳入党委人才工作总体部署，引导各类人才向农村基层一线流动，打造一支能够担当乡村振兴使命的人才队伍"。要推动乡村振兴，加速实现共同富裕，需要大量的优秀人才，要让更多优秀人才返乡创新创业，助力乡村振兴，就要把始终畅通人才归途当作关键环节抓紧抓实。要通过建立人才对接服务机制，主动做好政策宣传解释工作，消除人才思想上的顾虑，不断增强对更多优秀人才的吸引力。要始终坚持广开门路，欢迎五湖四海的人才，也要不拘一格用人才，采取有效举措来留住人才，让各类人才都能在乡村找到实现梦想的舞台，竭力打造乡村振兴人才引擎，促进乡村全面振兴。

一、畅通人才返乡下乡通道，要加大政治引领

乡村振兴的过程是资源集聚的过程，人才这个"第一资源"更要加速向基层、向乡村流动。要大力培育"新农人"，各地要在鼓励引导人才向艰苦边远地区和基层一线流动上细化具体措施，大力推动"科技兴农、人才强农"战略，畅通智力、技术、管理下乡通道，引导人才转变观念和身份，主动向乡村进发，参与振兴发展。要坚持壮大"增量"，鼓励支持农业、科技、教育、文化、卫生、旅游等领域和行业专业技术人才到基层一线工作，以到村任职、聘用"顾问"等"弹性"方式留住人才，并优化落实好待遇保障。要积极搭建"平台"，探索创新"校地""企地"联合培养人才模式，推动涉农院校建立社会实践基地、创办助农项目，引导各类专家人才到基层一线开展技术指导、咨询服务，提供智力支撑。

二、畅通人才返乡下乡通道，让人才感受到家乡的诚意邀请

乡村发展需要人才，人才要返乡发展是人生的重大决定，要让他们不为自己的决定后悔，其中最重要的一点，就是要让人才感受到家乡的热情和诚意。"胡马依北风，越鸟巢南枝。"畅通人才返乡下乡通道，要打好"感情牌"，把"事业留人、感情留人"的理念贯穿始终，通过座谈交流、联络感情、畅叙发展等方式，大力宣传

乡情乡貌乡音，拉近人才和家乡的距离。

三、畅通人才返乡下乡通道，加大返乡创业典型宣传的力度

要吸引更多的人才返乡发展，就要加大返乡创业典型宣传的力度，让更多在外打拼的人才看到家乡的好前景、看到返乡发展的好未来。要保持与人才沟通的制度化、常态化，主动了解人才的工作、学习、生活情况和思想动态，及时将家乡的发展变化、典型事情宣传出去、传递给他们，推动更多的人才把心动变成返乡发展的行动。要着力打造"人才品牌"，让更多的创业典型成为"活招牌"，打造人才"强磁场"，持续增强家乡对人才的吸引力，吸引更多的人才主动返乡。

四、畅通人才返乡下乡通道，消除人才归乡发展的后顾之忧

"让愿意留在乡村、建设家乡的人留得安心，让愿意上山下乡、回报乡村的人更有信心。"人才从城市回归农村，不仅是一个决定，更是一份事业的开始，要坚决避免"引回来不管"。要主动对接返乡人才，做好服务工作，狠下功夫解决返乡人才在工作、学习、生活等方面遇到的难题，消除人才归乡发展的后顾之忧，为他们扎根家乡、贡献力量，提供有力保障。要主动了解人才的发展方向和需求，为他们提供更多针对性的政策、资金、培训、人才等方面支持，切实解决好他们创新创业中遇到的现实难题，让他们将更多精力用到推动家乡创新和高质量发展上来。

五、畅通人才返乡下乡通道，帮助人才在乡村找到发展舞台

环境好，则人才聚、事业兴；环境差，则人才散、事业衰。良好的发展环境，不仅是在政策上、服务上的支持，更要为人才的成长进步和作用发挥，提供更多贴心的帮助。畅通人才返乡通道，就要在满足人才的成长进步上提供足够支持，要通过为人才提供创业导师，让他们根据自身的情况，更好找准合适的发展方向，更快实现创新创业。要为人才搭建更多发展平台，做好引导和支撑工作，让人才在成长的路上少走弯路，在事业发展的过程中，真正实现聚焦目标、狠下功夫、取得实效，真正为乡村产业振兴贡献更大力量。

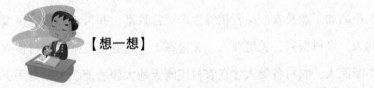

【想一想】

1. 乡村产业振兴人才培养面临的挑战有哪些？

2. 如何突破乡村人才振兴困境？

3. 如何构建乡村产业致富带头人培养支撑体系？

4. 如何畅通乡村振兴人才返乡通道？

第四章　乡村振兴产业致富带头人具备的能力

【本章导读】

一般来说，农村致富带头人是指在农村从事种植业、养殖业、农产品加工业及农产品营销等生产经营致富、并带动周边农民致富的人。乡村振兴，关键在人、关键在干。随着全面推进乡村振兴的不断深入，农村各类人才在农村广阔天地大施所能、大显身手，将带动农村就业空间和农民增收渠道进一步拓展。想要更大地发挥农村产业致富带头人在乡村振兴中的中流砥柱作用，更好地形成示范带动效果，就要帮助其从以下方面进行提高。

1. 注入新思维

更清楚地了解国家战略和新发展理念，把绿色、安全、可持续作为最重要的发展目标，把科学种田、科技兴农作为发展手段。

2. 树立新形象

摒弃农民是受歧视的底层职业的旧思想，树立"革命工作没有高低贵贱之分，只有分工不同"、新农村是一个"广阔天地"在其中"大有作为"的想法，对从事乡村和农业工作充满自豪感。

3. 用活新载体

将网络电视培训课程、自媒体直播、电商销售平台等获取知识、增加销售途径的新方式融入乡村实用人才带头人的生活和生产中。

4. 做出新示范

将自身创业过程中的典型做法分享给周边农户，形成示范效应，促进新发展理念、新技术方法、新载体平台、新发展路径的传播。

第一节　乡村产业致富带头人应具备的基本知识

所谓基本知识，就好比是盖房子要打地基一样，如果没有坚实牢固的基础，房子能盖起来吗？即使盖起来能稳固吗？同样，不掌握丰富、扎实的基本知识，能成为一个优秀的职业农民吗？能长久担当应有的责任和持续发展壮大的重任吗？答案显而易见。那么，如何才能打牢这个基础呢？"合抱之木，生于毫末；九层之台，起于累土；千里之行，始于足下。"老子所言，无不透出对自然人生的参悟。世间任何事情都要从第一步做起，只有经过不懈地努力，最终才能有所成就。知识的积累也是一个由易渐难、由浅入深、由低到高、循序渐进的过程。这个过程没有捷径可走，也不能一蹴而就，只能慢慢积累，聚沙成塔。

一、文化基础知识

（一）什么是文化

文化是一个十分宽泛的概念，很难给它下一个精确和严格的定义。《现代汉语词典》的解释是："人类在社会历史发展过程中所创造的物质财富和精神财富的总和，特指精神财富，如文学、艺术、教育、科学等。还指运用文字的能力及一般知识。"所以，文化是一种生命现象，一种社会现象，也是一种历史现象，是社会历史的沉淀物。它是能够被世代传承的国家和民族历史、地理、风土人情、传统习俗、生活方式、行为规范、思维方式、价值观念等的综合。

（二）文化的层次

1. 物态文化层

由物化的知识力量构成，是人的物质生产活动及其产品的总和，是可感知的、具有物质实体的文化事物。

2. 制度文化层

由人类在社会实践中建立的各种社会规范构成。包括社会经济制度、婚姻制度、家族制度、政治法律制度、家族、民族、国家、经济、政治、宗教团体、教育、科技、艺术组织等。

3. 行为文化层

以民风、民俗形态出现，见之于日常起居动作之中，具有鲜明的民族、地域特色。

4. 心态文化层

由人类社会实践和意识活动中经过长期形成的价值观念、审美情趣、思维方式等构成，是文化的核心部分。心态文化层可细分为社会心理和社会意识形态两个层次。

(三) 文化的特点

首先，文化具有共有性，或者说普遍性。它不是哪一个人或哪一部分人所独有的东西。它是经过长期的积淀形成的人们共同认可、遵循的一系列概念、现象、行为准则、价值观念。

其次，文化是学习得来的，而不是遗传先天就有的。

再次，文化具有象征性。其中最重要的是语言和文字，也包含其他表现方式，如图像、肢体动作、行为解读等。几乎可以说整个文化体系是透过庞大无比的象征体系深植在人类的思维之中，而人们也透过这套象征符号体系解读呈现在眼前的种种事物。

(四) 了解企业文化

企业文化是企业在经营活动中形成的经营理念、目的、方针、行为、形象，以及价值观念、社会责任等的总和。它是企业个性化的根本体现，是企业生存、竞争、发展的灵魂。它是企业在生产经营实践中逐步形成的，为全体员工所认同并遵守。企业文化具有独特性、继承性、相融性、人本性、整体性和创新性特点。企业发展的初期，规模小、人员少、影响也小，企业文化往往被忽视，但随着企业的发展，它显得尤为重要。企业文化可以成为员工的强大凝

聚力，激发员工的使命感、荣誉感、责任感和成就感。可以毫不夸张地说，企业文化是企业发展的灵魂和"永动机"。

（五）掌握文化基础知识的重要性

现实生活工作中，我们时常会接触到这样的人：问什么都会，聊起来什么都懂，干起事来不落俗套、非同一般。我们总是对这样的人刮目相看。其实，这样的人不一定有多高的学历，不一定有多么高深的学问，但往往具有丰富、广泛、深厚的基础文化知识。这一点，对他们的事业成功帮助很大。现代农业产业的发展，已经从过去单一种植、养殖、加工等低层次状态发展成为综合的、生态的、集约的、立体式的发展模式。这种趋势，带动了农业功能的大转变，农业不仅是生产农产品，而且还兼有旅游、休闲观光、实践、体验、传播文化知识等功能。文化的元素将越来越多地渗透、融入农业产业中，并为之带来巨大的、超值的、额外的收益。因此，农业从业者也要具备各方面相应的文化基础知识。

二、专业技能知识

（一）职业技能的定义

包含专业知识、专业技能两个词。专业知识是指在某个专业范围内的理论知识，如种植、养殖、农产品加工、财会、经营管理等。专业技能是指在某个专业范围内的实践、操作、动手能力。专业知识、专业技能互相促进，相辅相成。

（二）职业技能的重要性

无论从事农业什么行业、什么项目的生产经营，作为一个带头人，都需要成为"内行"。如果没有较强的专业知识、专业技能，遇到一点点问题就解决不了，需要求助他人，那将是处处被动，受制于人，终将难以持续发展壮大。

三、社交礼仪知识

（一）什么是社交礼仪

社交礼仪是指在人际交往、社会交往和国际交往活动中，用于表示尊重、亲善和友好的首选行为规范和惯用形式。社交礼仪是社会交往中使用频率较高的日常礼节。一个人生活在社会上，要想让别人尊重自己，首先要学会尊重别人。掌握规范的社交礼仪，能为交往创造出和谐融洽的氛围，建立、保持、改善人际关系。更重要的是，有时候恰当的、得体的社交礼仪表现会给个人的事业带来意想不到的收获；反之亦然。社交礼仪的基本原则为：尊重、遵守、适度、自律。

（二）基本社交礼仪介绍

1. 称呼礼仪

在社交中，人们对称呼一直都很敏感，选择正确、恰当的称呼，既反映自身的教养，又体现对他人的重视。

注意：使用称呼时，一定要注意主次关系及年龄特点，如果对

多人称呼，应以年长为先、上级为先、关系远为先。

2. 问候礼仪

问候是见面时最先向对方传递的信息。对不同环境里所见的人，要用不同方式的问候语。和初次见面的人问候，标准的说法是："你好""很高兴认识您""见到您非常荣幸"等。如果对方是有名望的人，也可以说"久仰""幸会"。对于一些业务上往来的朋友，可以使用一些称赞语："你气色不错""你越来越精神了"等。

3. 握手礼仪

握手是沟通思想、交流感情、增进友谊的一种方式。

（1）握手时应注意不用湿手或脏手，不戴手套和墨镜，不交叉握手，不摇晃，不推拉，不坐着与人握手。

（2）握手的顺序。一般讲究"尊者决定"，即等待女士、长辈、已婚者、职位高者伸出手之后，男士、晚辈、未婚者、职位低者方可伸手去呼应。平辈之间，应主动握手。若一个人要与许多人握手，顺序是：先长辈后晚辈，先主人后客人，先上级后下级，先女士后男士。

（3）握手时要用右手，目视对方，表示尊重。

（4）男士同女士握手时，一般轻握对方的手指部分，不宜握得太紧太久。

（5）右手握仕后，左手又搭在其手上，是我国常用的礼节，表示更为亲切，更加尊重对方。

4. 介绍礼仪

介绍就基本方式而言，可分为：自我介绍、为他人作介绍、被人介绍 3 种。在作介绍的过程中，介绍者与被介绍者的态度都要热情得体、举止大方，整个介绍过程应面带微笑。一般情况下，介绍时，双方应当保持站立姿势，相互热情应答。

【想一想】

如何获得这些知识、技能？毋庸置疑，一个人的知识、技能的获得，只能是通过交际、学习、锻炼、实践、动手、操作等途径，而且要用心、坚持、积累。

第二节 乡村产业致富带头人应具备的基本能力

一个人做任何一件事情，做不做是态度问题，会不会做是知识水平问题，做好做不好就是能力问题了。教育家叶圣陶也说过，"培育能力的事必须不断地去做，又必须随时改善学习方法，提高学习效率，才会成功。"一般来说，能力与素质高度相关。所以说到能力必然要联系到素质。那么，什么是素质呢？素质是一个内涵十分宽泛的概念。为了更好地理解素质，我们不妨用"素质冰山模型"来加深理解。该模型清晰地展示出：一个人的素质就好比一座冰山，技能、知识、行为习惯只是露在水面上冰山的小部分，它们通过后天的塑造、锻炼，是可以提高和改变的，称为显性素质。而其他的自我认知、个性品格、价值观及动机这些东西，都潜藏在水面以下，很难判断和识别，称为隐性素质。而恰恰是隐藏在水面以下的素质对一个人的成功起决定性的作用，它们难以捕捉，不宜测量，所以我们需要对其特别关注。

一、经营管理能力

经营管理能力是现代乡村产业致富带头人事业成功的保障。面对农业市场激烈的竞争，善于以经营强化管理，以管理促进经营，才能把事业做大做强。

（一）经营、管理的含义

传统"经营"的含义主要指企业、商业等经营。现在人们把人类的一切有目的、有意识的活动，都看成经营活动。个人、婚姻、家庭等生活活动需要经营；家庭农场、合作社、企业等经济实体需要经营；甚至大到一个国家也需要经营。"管理"就是管束、治理，是以人为中心，对拥有的资源进行计划、组织、指挥、协调与控制，实现最优化的过程。

（二）经营与管理的关系

经营与管理，孰轻孰重，孰先孰后？可以说是仁者见仁，智者见智。但有一点是大家公认的：二者相互依赖、密不可分，就好比企业中的阳与阴，共生共存，在相互矛盾中寻求相互统一。忽视管理的经营是不能长久和不能持续的，挣回来多少钱，又浪费掉多少钱，"竹篮打水一场空"，白辛苦。农村有一句土话："外面有个笆笆，家里有个篓篓"，意思是男人在外面挣钱，女人在家里也要节省，小日子才能过得红火，说的是同样的道理。另外，忽视经营的管理是没有活力的，是僵化的，为了管理而管理，为了控制而控制，只会把企业管死；企业发展必须有规则，有约束，但也必须有动力，有张力，否则就是一潭死水。企业发展的规律就是：经营—管理—经营—管理交替前进，就像人的左脚与右脚。如果撇开管理光抓经营是行不通的，管理扯后腿，经营就前进不了。相反，撇开经营，光抓管理，就会原地踏步甚至倒退。

二、正确决策能力

（一）什么是决策

标准点说决策就是为了达到一定目标，采用一定的科学方法和手段，从若干个方案中选定最优秀的方案进行分析判断的过程。通俗点说，就是确定干还是不干叫"决"；明确用什么方法和工具干叫"策"。再简单点讲，就是"拍板""决断""敲定"。作为一个创业者，从事现代农业生产的乡村产业致富带头人，在很多方面都面临着决策问题，如抓商机、建队伍、融资、营销、选项目、经营模式设计等。有时候及时、果断、正确的决策，能带来可观的经济效益；决策失误也会给自身带来重大损失，甚至危及整个项目事业的延续和发展。

（二）如何才能正确决策

市场经济条件下，很多时候要做到完全正确决策是不容易的。诺贝尔奖获得者赫伯特·西蒙有句名言"管理就是决策"，他证明了决策方案不可能达到最优，人们只能在"满意"和"许可"之间取舍。他认为，由于信息的不完备，会导致决策方案不完备和方案实施过程不清晰，进而使决策后果不可比。可见，任何决策都有些"赌"的成分。

三、沟通协调能力

（一）何谓沟通协调

沟，构筑管道；通，顺畅、通畅。沟通就是使两方能顺畅地通联。通俗地讲，沟通就是将一个人的想法和观念等传达给别人的行动。沟通能力，指一个人与他人有效地进行沟通信息的能力，包括外在技巧和内在动因。从表面上来看，沟通能力似乎就是一种能说会道的能力，其实不然，实际上它包罗了一个从穿衣打扮到言谈举止等一切行为的能力。一个具有良好沟通能力的人，他可以将自己所拥有的专业知识及产业开拓发展能力进行充分地发挥，并能给对方留下深刻的印象。

（二）沟通协调的重要性

现实生活中，我们经常会发现这样的事例：同样去谈一件事情，张三去办，不但没谈成，反而又引起了更多的麻烦；而让李四去谈，不但办成了，而且办得非常漂亮，皆大欢喜、锦上添花。这就是沟通协调能力的差别。所以，一个人只有能够与他人准确、及时、有效地沟通，才能建立起良好的、牢固的、长久的人际关系，进而能够使得自己在事业上左右逢源、如虎添翼，最终取得成功。正像石油大王洛克菲勒所说："假如人际沟通能力也是同糖或者咖啡一样的商品的话，我愿意付出比太阳底下任何东西都珍贵的价格购买这种能力。"由此可见沟通协调能力是多么的重要。

四、信息获取能力

（一）信息基础知识

广义上讲，信息就是消息。信息是对客观事物存在形式及其运动状态的描述。对人类而言，人的五官生来就是为了感受信息的，它们是信息的接收器，它们所感受到的一切，都是信息。我们已经进入了一个信息爆炸的时代。毫无疑问，信息获取、处理、利用能力的大小，将直接影响事业发展的成败。

（二）农业信息知识

对农业从业者来说，最重要的还是要多了解、关注农业方面的信息。

（三）信息获取渠道

有一句话说得好："知识的一半就是知道到哪里去寻找它。"笼统地说，信息获取有直接获取和间接获取。直接获取，就是自己亲

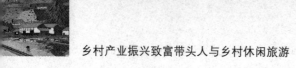

自实践体验来获取信息。如要知道一个新品种西瓜的甜度，就要亲自尝一尝。间接获取，就是用科学的分析研究方法，鉴别和挖掘出隐藏在表象背后的信息。如生猪市场价格起起落落，通过多年的价格走势分析，大致可以得出 3 年波动的"猪周期"这一重要信息。

第三节　乡村产业致富带头人应具备的基本品格

何谓品格？即一个人的品行、品性、格调、性格等基本素质方面的综合特质，它决定了这个人为人处世、回应社会、谋事干事的方式和模式。作为一个成年人，一个有梦想有所作为的成年人，一个将要担当着小家、大家、国家各方面责任的新时代的乡村产业致富带头人，应该具备怎样的优秀品格呢？

一、诚信意识

（一）什么是诚信

单从字面理解就是"诚实、守信"。通俗来说就是"以真诚之心，行信义之事"。具体点讲就是为人处世真诚、实在，讲信誉、守信用；言必信、行必果；一言九鼎、一诺千金等。

（二）讲诚信

1. 诚信是立人之本

现实生活中，只要我们留意观察身边的人和事，会很明显地看到两种结果：有的人视诚信如生命，把诚信当成自己的金色名片，同样也得到别人的尊重和信任，长此以往，无论干什么事情都会顺风顺水；有的人目光短浅，为了自己的利益、不惜牺牲他人的利益，为了眼前的小利益不惜牺牲长远的大利益，久而久之失去了做人的根本，再做什么事情都处处碰壁，困难重重。

2. 诚信是齐家之道

现实生活中，很多人认为诚信是与外人、外部环境之间的事，而忽视了家庭成员之间诚信的重要。事实上，干事创业的过程中，往往是从家庭成员之间合作打拼开始的，无论在事业发展的哪个阶段，如果不讲诚信，失去了信任，同样会分道扬镳，危及事业的发展壮大。

3. 诚信是交友之基

常言道，多个朋友多条路，朋友多了路好走。但交朋友的时候，一定要守信用、讲诚信、重承诺。真诚是友谊的生命，不能够说话不算话，要让朋友觉得你是个靠得住的人。只有肝胆相照的朋友，才是推心置腹之友。当你有困难需要帮助的时候，这样的朋友才会无私地向你伸出援助之手。

4. 诚信是经商之魂

事实证明，尽管经营主体规模有大小之分，经营的品种和经营方式也千差万别，但只要有良好的信誉和口碑，就拥有了一笔巨大的无形财富，因为只有讲诚信，才能聚人气、拓财源。经营者从事经营的目的，都是为了追求效益的最大化。但效益从何而来？答案显而易见：效益是从被称为"上帝"的顾客中来，而要赢得顾客，就必须树立诚信的经营理念。正所谓"做人先于经商，人品重于商品。"先自身做到诚信，才能追求到最大化的利润。

（三）诚信面面观

讲诚信，说起来很容易，但做起来却很难。也许一时讲诚信并不难，难的是一辈子坚守诚信。现实中，希望别人信守合同自己却随意不履行合同，借款到期不还甚至想赖账，为了追求暴利生产假冒伪劣产品，虚假宣传言过其实，对雇工的报酬承诺不兑现，不惜别人的健康生产不合格农产品等，此类不守诚信的现象不胜枚举。事实上，不守诚信之人赚得了些许小便宜小利益，但长远来看终归被不诚信所害。

二、创新意识

（一）何谓创新

简单地说，就是创造与革新。包含三层意思：更新、创造新的东西、改变。当今时代，创新在各行各业都是主旋律，没有创新就没有发展。创新是我国职业农民创富精神的核心，应该贯穿于干事创业的始终。创新意识就是超常规、超视角思考问题，用新颖、独特的方法解决问题，从而产生出新颖的、高效的、独到的成果。

（二）如何理解创新

对多数人来说，提到创新就认为是创造发明家的事，非普通人所能为，其实这是一个误区。创新包含的内容十分宽泛，生产出新产品是创新，采用新工艺、新方法是创新，开辟出新的市场也是创新。对创新我们要有多方面的理解，如说别人没说过的话叫创新，干别人没干过的事叫创新，想别人没想到的东西也叫创新。有的东西叫它创新，是因为它改善了我们的工作质量，改善了我们的生活质量，有的是因为它提高了我们的工作效率，有的是因为它巩固了我们的竞争地位，有的是对经济、对社会、对技术产生了根本影响。创造发明固然是创新，但新点子、新想法、新思路同样是创新。

（三）乡村产业致富带头人如何创新

乡村产业致富带头人将是新型农业经营主体，是家庭农场、农民专业合作社、农业企业的主人。在日常运营过程中，坚持创新意识和创新理念是必不可少的。

三、合作意识

（一）什么是合作

合作就是人与人、人与群体、群体与群体之间，为了达到一个共同的目标，彼此相互配合的一种方式。当今时代，科技日新月异，信息高度发达，知识爆炸增长，无论你从事什么行业，无论你的能量有多大，单打独斗，仅凭一己之力，都很难成就大事。唯有学会合作、善于合作，才能到达理想的彼岸。正所谓：小合作小成就，大合作大成就，不合作难成就。"合作共赢"是最大的智慧。

（二）怎么合作

1. 更好地与他人合作

谈起合作最普遍的应该是个人与个人的合作，即你与他人的合作。每当合作成功结束的时候，人们常说的一句话是"合作愉快!"其实这里面包含着许多的"只可意会，不可言传"的内涵和道理。其中真诚信任、坦诚相待，乐于分担责任、主动让利对方，欣赏、包容对手等都是重要的内容。

2. 更好地与团队合作

无论你是一个大、小实体的当家人，还是一个普通的员工，都需要学会与团队合作。当今时代，竞争无处不在，而且竞争已不是个人与个人的竞争，而是团队与团队的竞争。作为一个当家人，要想赢得下属的忠诚、合作与支持，那么你首先要真诚对待、尊重他们。切记"欲想取之，必先予之"，只有付出才有回报，这种思想观念非常重要。

四、法律意识

（一）法律的含义

法律意识是人们对法律和法律现象的认识、观点、看法、情感、态度等主观心理因素的总和。法律意识的具体内容和表现形式是多方面的，既包括人们的法律知识、法律思维方式、法律感情、法律态度，还包括法律信仰、法律观念等。法律意识还是人们理解、尊重、执行和维护社会主义法律规范的重要保证。一个人具备了法律意识，就会在日常生活、工作、干事创业的过程中，不仅自觉做到遵法守法不犯法，维护法律的尊严，而且能够勇于拿起法律的武器来维护自身和团体的合法利益。

（二）法律意识的培养

1. 培养遵纪守法意识

一个人要想使自己的权利得到尊重，那么首先要尊重别人的权利，也就是说，实现自己的权利和承担对别人、对社会的义务是对等的。现实生活中，大家都知道规则，但却不情愿按规则办事，生怕自己的利益受到损害，结果就演变成不按规则办事成为一种规则。

2. 培养法律风险意识

在法治社会，个人和经济实体的任何行为都表现为一种法律行为，形成相应的法律关系，接受法律的规范和调整。因此，所有行为产生的风险都体现为一定的法律风险。例如雇工，不签订劳动合同；买卖，不签订经济合同；债权债务、职业行为（比如偷税漏税、造假账、虚假承诺等）、安全生产、重大经营管理失误、重大决策失误等，都有可能形成法律风险，承担相应的法律责任。

3. 培养敏锐的证据意识

证据意识是人们在社会生活和交往中对证据作用和价值的认知心理状态，是面对纠纷或处理争议时自觉收集、保存、运用证据的心理觉悟。

4. 培养严肃的合同意识

市场经济是契约经济即合同经济。西方有句谚语，"财富的一半来自合同"。可以说，合同是个人或经济实体从事经济活动取得效益的桥梁和纽带，但同时也是产生经济纠纷的根源。在市场经济条件下，作为一个农业经济实体的实践者，必须强化合同意识，学会用合同规范自己的言行，用合同维护自己的合法权益。

五、责任意识

(一) 责任与责任意识

责任就是分内应该做的事，承担应承担的任务，完成应完成的使命，做好应做好的工作，这叫尽责；责任还指没有做好分内应该做的事，因而应当承担的过失，这叫追究责任。当然，如果分外的事你也做，并且能做好，那就是一种境界了。责任是一种精神，更是一种品格，责任无处不在，存在于每一个角色。父母养儿育女，老师教书育人，医生救死扶伤，军人保家卫国……人在社会中生存，就必然要对自己、对家庭、对集体承担并履行一定的责任。责任只有轻重之分，并无有无之别。责任意识就是常把责任放心中，并把责任心转化到行动中去的心理特征。有责任意识，再危险的事也能减少风险；责任意识强，再大的困难也可以克服；责任意识强的人，受人尊敬，得人信服，让人放心。

(二) 正确认识责任

有人认为讲责任太沉重，担责任太劳累。这种认识失之偏颇。

"天地生人，有一人应有一人之业；人生在世，生一日当尽一日之勤"。这虽是晋商成功的座右铭，但也很值得我们去细细品味。作为社会人，不可能脱离责任而生存。有收获必有付出，有享受必有奉献，这是生活的法则。逃避责任、坐享其成、虚度光阴，这样的人生是没有价值的。勇敢地担负起自己的责任，人生才会充实，生活才有意义。也有人认为，责任是一种束缚，阻碍事业发展。这种把责任和发展割裂开来、对立起来的认识，也是不正确的。甚至还有一些似是而非的认识："别人不负责，我想负责也负不起来"——无法负责任；"大家都不负责，我一个人负责也白搭"——负责任无用；"别人对我不负责，我对别人负责是犯傻"——负责任吃亏。凡此种种，是对责任观的歪曲理解。我们只有将自己该担的责任先担起来，才能影响和带动周围的人负责，形成一种人人负责的良好氛围。

（三）责任的范畴

责任的范畴十分广泛，不同行业、不同岗位、不同性质、不同环境，都有不同的责任划分。我们应该重点明晰以下几种责任。

1. 家庭责任

家庭责任是指通过辛勤劳动，获得正当收入，保证家庭成员安全、健康、和谐生活的足够物质、精神条件。家庭是一个人终生的避风港和坚强后盾，家庭又是社会的细胞。无论你多么成功辉煌，也无论你工作多么忙碌劳累，都不是逃避家庭责任的借口。朴素地讲，我们干事创业、拼命赚钱，首要目的就是改善家庭生活条件，担当家庭的责任。但问题是，现实中也有这样的人：要么我行我素、家长作风、搞一言堂，大事小事他做主，决策失误的事常发生，搞得生意不火、事业不旺，拖累了家庭；要么对家庭事务不管不问，认为只要能挣钱就是好汉，搞得家庭成员感情疏远、互不信任，矛盾不断，这都不能说是有家庭责任心。

2. 职业责任

职业责任是指人们在一定职业活动中所承担的特定职责，它包括人们应该做的工作和应该承担的义务。职业责任具有以下特点：明确的规定性；与物质利益存在直接关系；具有法律和纪律的强制性。谈到职业责任，大多想到的是从事特殊行业、高危行业的人群。

3. 社会责任

社会责任主要指经济组织对社会应负的责任。一个组织应以一种有利于社会的方式进行生产、经营和管理。社会责任包括环境保护、社会道德以及公共利益等很多方面。作为一个普通农民而言，由于生产规模小，经济能力有限，同时对外界环境的影响小，也许较少考虑社会责任问题；但今后作为一个职业农民，要进行规模化生产，实力增强，相应对外部环境影响也增大，就要积极考虑社会责任问题了。具体来讲，应该从以下几个方面加强社会责任感：一是重视自己在社会保障方面应起的作用，不逃避税收以及应该承担的社会保障义务。二是多考虑社会就业问题，尽自身所能就近接纳失地农民就业，减轻社会负担。三是切实注重环境保护，不将利润建立在破坏和污染环境的基础之上。四是公平竞争，不唯利是图，不自私自利；不生产假冒伪劣商品，向社会提供合格、优质的农产品或服务，不欺骗消费者。五是不能依靠压榨职工或雇工的收入和福利来为自己谋取利润，坚决不做资本的奴隶、赚钱的机器。六是热心公益、慈善事业。

 【想一想】

1. 乡村产业致富带头人应具备哪些基本知识？

2. 乡村产业致富带头人应具备哪些基本品格？

3. 乡村产业致富带头人应具备哪些基本能力？

第五章 乡村产业振兴实现模式

【本章导读】

农业强则中国强，农村美则中国美，农民富则中国富。农业农村农民问题是关系国计民生的根本性问题，必须始终把解决好"三农"问题作为当前工作重中之重。党的十九大报告提出实施乡村振兴战略，明确指出要坚持农业农村优先发展，按照产业兴旺、生态宜居、乡风文明、治理有效、生活富裕的总要求，加快推进农业农村现代化。

产业兴则百业兴。加快实现农业现代化，全面推进乡村振兴，实现全体人民共同富裕，首要任务是推动乡村产业振兴。通过调研各地推动乡村产业振兴的典型案例，总结相关实践经验，并归纳出当前我国乡村产业振兴的主要实现模式，分别是特色农产品开发模式、农业产业链延伸模式以及农业多功能拓展模式，据此提出了进一步促进乡村一二三产业融合发展，推动乡村产业振兴的提升路径——打造乡村休闲旅游产业新模式。

第一节　特色农产品开发模式

特色农产品开发模式是在特定区域内进行的，以区域内自然、历史和文化条件为基础，以满足消费者对农产品差异性消费需求为目的进行农产品生产及加工的产业振兴模式。

一、特色农产品的概念

所谓特色农产品，主要是与传统农产品相比而言，具有明显的多种特色，如地域性、品质性以及特殊功效等特点。特色农产品与传统农产品相比而言，往往是其他地域没有，而只在本区域出产；或者是其他地域也生产，但是其在品质、功效等方面与本区域所产的农产品存在着较大的差别。

特色农产品一般具有以下几种特点。

首先，规模性。特色农产品往往有着较大规模的生产园区，形成规模之后，可以产生较大的规模效应，发挥规模竞争力的优势，同时可以形成较大的产业链。

其次，收益性。特色农产品规模性生产最终目的在于获得经济收益，给本区域以及农产品生产者创造区域与个人利益，甚至带动当地农产品经济的发展。此种农产品往往资源利用率较高、便于加工与推广，产品附加值较大。

最后，区域性。特色农场的区域性特点，是其最重要的特点之一，特色农产品的生产是存在一定地域性的，其生产种植需要适应特定的区域特点以及在本区域内具有其他区域无法竞争的先天与后续优势，给本区域带来较大的经济效益。

二、国内特色农产品的发展

我国特色农产品的发展较晚，这与我国的地理特征以及土地资源、水利资源以及所处的气候带存在着很大的联系，但是随着国内经济发展水平的不断提高以及多项农业技术的发展，我国国内特色农产品开始呈现出突飞猛进的发展态势，国内目前以山东、广西、江西等地的相应特色农产品发展较好，将以此两地区的特色农产品的发展形势进行简要分析、阐释。

（一）山东烟台苹果

烟台位于山东半岛东部，濒临黄渤海。烟台苹果栽培历史悠久，是中国苹果栽培最早的区域。1871 年，西洋苹果引进烟台，成为中国第一个真正现代意义上的苹果，开创了中国现代苹果之源。烟台降水、日照充足，适合苹果生长，苹果的种植技术和管理水平高。在这里长成的烟台苹果皮薄肉脆，鲜香多汁，具有口感酸甜黄金比。

2014 年，"烟台苹果"品牌战略规划编制完成，并发布了品牌新形象。2018 年，农业农村部正式批准对"烟台苹果"实施农产品地理标志登记保护（AGI02406）。"烟台苹果"农产品地理标志地域保护范围为：东经 119°34′～121°57′，北纬 36°

16′～38°23′的烟台市行政区域内，包括芝罘区、莱山区、福山区、牟平区、开发区、高新区、蓬莱市、龙口市、莱州市、招远市、栖霞市、莱阳市、海阳市、长岛县、昆嵛山自然保护区15个县市区，154个乡镇（街道办），6 137个行政村。"烟台苹果"总生产面积18.8万公顷，年总产量464万吨。2019年，"烟台苹果"入选由农业农村部推出的"农产品地理标志保护工程"。截至2019年，烟台全市苹果种植面积达到282.6万亩，产量559万吨，产值达192.7亿元。"烟台苹果"内销29个省份，常年销售330万吨；出口遍及六大洲30多个国家和地区，常年出口60万吨，约占全国的50%。苹果已经成为烟台的特色和品牌之一，全市有60%的乡镇和50%的农户主要从事果业生产。已成为当地农业的支柱产业，成为农民收入的主要来源。在《2020中国果品区域公用品牌价值评估报告》中，"烟台苹果"以145.05亿元位列果品区域公用品牌价值第一名，连续12年蝉联中国果业第一品牌。

（二）广西百色芒果

据相关资料显示，2011年、2012年、2013年广西百色市芒果种植面积平均达45万亩，年平均产量15万吨，带动了百色市的当地经济发展以及提高了大量农户的经济收益。百色市对于芒果特色产业的发展，精心准备多种方案，经历了多项流程。首先，百色市工商局强化了市场流通，创设了"经纪人负责销售"机制，给予销售环节有力的支撑。其次，当地政府以"公司+合作社+农户"发展方式，给予了当地农户资金以及政策的多种优惠与倾向，将百色芒果的产量与质量做到了大幅度的提升，使百色芒果的传统农业产品转向产业化、规模化与集约化。最后，相关部门与农民的一起努力下，将百色芒果申请注册商标，创造出了一定的品牌，提高了百色芒果的竞争力。

（三）山东章丘大葱

通过相关资料的分析以及数据的调查，2009—2013 年，山东章丘大葱的种植面积平均达 18 万亩，年平均产量 56 万吨，作为我国主要大葱生产的章丘，如此高效益、高产量的大葱，同时被认定为国家驰名商标，其规模化的种植起到了至关重要的作用。章丘的大葱产业，采用"龙头企业+农户"模式，当地的企业与种植农民达成一致协议，通过签订合同，进行种植培训，同时引进先进技术，如大葱的干燥技术等，从而进一步提高农民的大葱种植水平，在大葱成熟后，企业进行回购，然后进行各种加工，最后出口世界各国。

三、特色农产品发展模式的新启示

从上文的阐释中，可以看出特色农产品的发展与乡村产业振兴密不可分，需要一定的支撑与帮助才可以将特色农产品规模性发展，大致有以下几点启示。

（一）形成特色农产品产业化模式

无论是山东烟台苹果、广西百色芒果还是山东章丘大葱，都不再是以往的农户分散经营，而是通过当地企业或者的相关基地，将种植农户联合起来，形成规模化种植。规模化种植可以有效地利用土地资源，新、高技术的推广，还可以形成新的产业合作链条，如广西百色的"公司+合作社+农户"模式、山东章丘的"龙头企业+农户"模式。

（二）创立特色品牌，提升农产品自身价值

品牌对于任何产品都存在着巨大的无形价值，特色农产品也是如此。特色农产品种植区域应当积极打造当地农产品品牌，适当的时候可以通过注册商标等相关方式提高影响力，保护农户等主体的相关权益。特色品牌的创立，不仅可以推广特色农产品，更可以提高特色农产品的信誉，为其增加一定的无形升值空间。

（三）相关政府部门的引导与扶持

在上文中的山东烟台、广西百色与山东章丘，其农产品种植产业的高效发展，与当地政府相关部门的大力扶持是密切相关的，政府不仅在政策方面给予倾斜与引导，同时在相关资金投入方面，政府也起到了关键的作用。在政府的扶持与引导之下，当地的农产品才可能实现大规模种植、升值、快速推广，实现农产品的特色化以及产业化。

（四）积极开拓市场，引进国外资本，提高自身竞争力

当地的特色农产品种植区域要积极开拓市场，不仅是国内市

场，国际市场对于特色农产品的需求也是可观的。特色农产品可以通过相应产品的等级分类，进一步获得更高的产品增值，同时，国内的相关企业要结合自身的特点与优势，与国外的相关企业进行合作，在吸取、学习先进经验技术的同时，提高自身的竞争力。

（五）建立特有的特色农产品文化及相应的企业文化

特色农产品不仅要形成规模，增加效益，在有了一定基础前提后，要确立自身的特色文化，这对于产业的发展以及长远目标的确定有着重要的作用。同理，公司企业也是如此，应当确定适合特色农产品企业的合适文化，为特色农产品的发展提供多种无形的有力支持。

在此基础上，政府搭台、企业唱戏，主打产业特色牌，通过地理标志、质量管理、品牌开发，建立了行之有效、美誉度高的特色农产品开发模式。依托特色农产品资源，打造了综合产值逾百亿的富民产业，高效助推当地脱贫攻坚、乡村振兴事业的发展，各地走出了一条具有地域特色的乡村振兴之路。

第二节　农业产业链延伸模式

近年来，我国农业产业链不断延伸，在推动农业高质量发展、美丽乡村建设和农民增收方面发挥了重要作用，进一步巩固了粮食安全，强化了乡村振兴的产业基础。农业产业链延伸不仅是实现乡村产业振兴的需要，也是实现农业农村现代化的主要路径。巩固乡村振兴的产业基础，必须打通农业产业链的"堵点""断点"，提升农业产业的整体效能。

一、农业产业链的概念

农业产业链是指农业产前、产中、产后各个环节之间的技术经济联系。农业产业链延伸的乡村振兴模式，旨在加强农产品从种植、收获、加工、生产到销售各个环节关联，促进产业链上下游协同模式，具体包括农副产品生产、初级加工、深加工等环节的增值过程。

二、当前推进农业产业链发展主要做法

（一）主攻规模化，主抓两类新型农业经营主体的经营规模

一是借助现代通信方式开展"新型职业农民培育"等培训工程，培育适应现代农业发展需求的新型职业农民。二是加强先进典型宣传，对回乡创业就业人才提供政策和资金支持，将高素质农民留在农村，使其成为新型农业经营主体。三是多措并举鼓励社会各界关注农业领域，加强与新型农业经营主体的合作，实现小农户和现代农业的有机衔接。

（二）聚焦企业化，积极推进龙头企业做大做强

延伸农业产业链的关键在于农产品加工企业，应积极促进农产品加工企业的发展。一是发挥我国制造业大国和农业大国的优

势，实施"农产品加工强县"培育计划，重点支持农业企业向精深加工方向发展，把产业链条向消费终端延伸，让产品更接近市场。二是支持县区依托优势特色产业，发展中央厨房、主食加工、果蔬净菜鲜切等新业态，打造一批小众类、中高端、精致化的乡村特色产业生产基地。三是精准招商引资壮大龙头企业，引导龙头企业牵头办好农业产业化联合体，培育乡村产业发展新动能。

（三）突出品牌化，推进农产品公用品牌的培育、发展和保护

一是实施农产品整体品牌形象塑造工程，培育一批区域特色明显、发展潜力大、带动能力强的农产品区域公用品牌，提升我国农产品在国内外市场的竞争力、影响力。二是开展我国农产品品牌立体化宣传推介活动，创新品牌营销渠道，推进品牌动态管理，打造我国农产品品牌集群。三是支持各地区依托特色农产品成立全产业链的产业基金。例如，浙江省诸暨市为促进珍珠产业的发展，成立诸暨珍珠产业基金，支持具有成长性的家庭农场、合作社和中小企业发展。

（四）实现精深化，打造乡村精深加工产业链

锚定提升农业发展质量效益，在深入推进农业供给侧结构性改革的基础上，打造农业全产业链。一是立足乡镇产业基础，对接加工企业，构建农产品生产、加工和销售的全产业链，实现加工在镇、基地在村、增收在户。二是以现代农业产业园等为载体，实施龙头企业和合作社培育计划，着力打造一批特色产业集群，提升农

产品的综合竞争力。三是借助农产品加工智慧化和智能化，引导农业企业向高端化转型，推动农产品由"原字号"向"制成品"转变，改善农产品的品质。

（五）推进一体化，加快推进农村物流"新基建"

打通"从田头到餐桌、从生产到消费"的流通环节，是建设农业全产业链的关键所在。一是在乡镇和中心村布局建设仓储保鲜设施，支持有条件的地区建设冷藏保温仓储设施，完善农产品冷链物流服务体系。推动建设农村物流节点，从源头上加快解决农产品出村进城"最初一公里"问题，提升鲜活农产品产地仓储保鲜冷链流通量。二是构建农村物流新模式，利用城乡客运班车，完善农村物流网络。通过加盟、代理等形式完善农村网络节点，降低流通成本，构建"工业产品下乡"和"农产品进城"的物流新模式。

（六）加快市场化，积极融入新发展格局

农业的市场化运作是延伸农业产业链的难点。一是细分农产品市场，把握不同市场农产品的特点及需求。按照现有市场格局和区位优势，优化农产品布局。例如，山东和东北等地区重点对接京津冀农产品市场，湖南、广西和福建等地区重点对接粤港澳农产品市场，山东、辽宁等地区重点对接日韩农产品市场，以尽快建立能够满足不同市场需求的农产品生产基地。二是把农业产业链条向消费终端延伸，让农业产品更接近消费者、更接近市场，打造以消费者为核心的农业全产业链开发模式，实现升级性的产品供给创新。

三、农业产业链发展的启示

要实现产业兴旺，助推乡村振兴，必须延伸农业产业链、价值链，推动农业初级产品生产和深加工的有机融合。如今的乡镇，基本都有了自己的特色产业，但普遍没有形成产业链，缺乏农产品深加工，农民增收渠道不畅。为加快全区乡村振兴步伐，必须把延伸农业产业链放在乡村振兴的重要位置。

四、推动数字经济与农业产业化融合发展

数字经济的蓬勃发展，对提升县域农业产业链发展质量、推动乡村产业振兴，形成县域工农互促、城乡互补的格局颇有意义。以前我们讲农业数字化，更多是在消费端，并没有打通整个产业链，在县域内形成数字化全产业链。但是在实践中，这种局限正呈现出被逐渐破解的趋势。例如，当前农业数字化正越来越多地从消费端的"餐桌"走向更上游的生产端"土地"，推动许多地区的特色农产品变成畅销网货。政府、平台企业、新农人一起构成了加速这一进程的主体，成为乡村产业振兴的价值创造者和利益分享者。

第三节　农业多功能拓展模式

如今，乡村不再是单一从事农业的地方，还有生态涵养、休闲

观光、文化体验等功能，人们对美好生活的向往既有柴米油盐酱醋茶，也有"望山看水忆乡愁、养眼洗肺伸懒腰"，需要拓展农业多种功能，把乡村打造成为产业高地、生态绿地、文化福地和休闲旅游打卡地，让人民共享幸福美好生活。

一、农业多功能拓展模式的概念及背景

农业多功能扩展模式是指在发挥农业提供食物和工业原料功能基础上，开发其生态、人文与社会等方面的多元功能，将其从单一生产向多功能综合方向扩展的一种乡村振兴的发展模式。

农业农村部于 2021 年 11 月印发《关于拓展农业多种功能　促进乡村产业高质量发展的指导意见》（以下简称《指导意见》）。《指导意见》明确，到 2025 年，农业多种功能充分发掘，乡村多元价值多向彰显，优质绿色农产品、优美生态环境、优秀传统文化产品供给能力显著增强，粮食产量保持在 1.3 万亿斤以上，农产品加工业与农业总产值比达到 2.8：1，乡村休闲旅游年接待游客人数 40 亿人次，年营业收入 1.2 万亿元，农产品网络零售额达到 1 万亿元。

《指导意见》指出，在确保粮食安全和保障重要农产品有效供给的基础上，贯通产加销、融合农文旅，促进食品保障功能坚实稳固、生态涵养功能加快转化、休闲体验功能高端拓展。《指导意见》提出三项重点任务：一是做大做强农产品加工业，二是做精做优乡村休闲旅游业，三是做活做新农村电商。

二、农业产业多功能拓展模式

我国农村产业多功能拓展模式经过长期探索已经初步成型，目前发展相对成熟的大概有以下3种。

（一）种养结合型

农业内部交叉融合模式，是农业内部之间的整合，以农业为主，围绕农业相关联产业发展，目前实践模式主要以发展种植业与养殖业结合的循环生态模式为主。种养结合的发展模式为农业带来了经济与生态效益的双重提升，在降低企业生产成本的同时也达到了保护生产环境的目的。

（二）先进要素渗透型

"先进要素"既包括互联网、云计算等现代信息技术，也包括遥感、卫星导航等技术设备，这些技术与设备应用于农业生产、加工销售等环节的过程就是"技术渗透"的过程。随着互联网技术在农业领域的应用，催生了农村电商、智慧农业等新兴业态，同时也衍生出了产地直销、农商直供等个性化的经营模式。

（三）农业一二三产业融合发展模式

农业一二三产业融合发展，重点在于拓宽产业组织的发展空间、优化资源配置、升级产业布局，通过产业间的融合渗透与交叉重组及农产品产销各环节的整合衔接，实现农产品附加值提升和农民收入增长。

三、创意农业——农业创新与农业多功能拓展的新模式

创意农业是乡土文化传播、农耕传统、农业科学技术与现代农业产业相结合的新型运作方式。通过对农业经营的过程、工具、方法、形式、产品和经营场所引入新的创意和新的设计，从而使农产品增值，使农业经营场所具有观赏性、游憩性、体验性和参与性，同时，也可以增加新的就业机会。创意农业则以农业的产前（农耕环境、乡村资源）、产中（农业经营的过程）、产后（农产品以及初加工品销售）全过程及乡村生活的全过程为主要创意对象，最终实现乡土环境、农业生产与休闲消费的巧妙结合。

创意农业的重点在于农业与"文化"的结合。挖掘农业生产中农耕文化的基因，将农产品与其中蕴含的乡土文化基因结合起来，就能发展出创意农业新的经营思路。将农产品和农业生产过程赋予更加丰富的文化内涵，就会给消费者以超越物质满足的精神满足感，这将会提高创意农业的文化附加价值。

第四节　打造乡村休闲旅游模式

2023 年中央一号文件锚定乡村振兴，围绕 9 个方面做出针对性部署。其中，在推动乡村产业高质量发展方面，提出要"实施乡村休闲旅游精品工程，推动乡村民宿提质升级"。

《指导意见》明确指出，发挥乡村休闲旅游业在横向融合农文旅中的连接点作用，以农民和农村集体经济组织为主体，联合大型农业企业、文旅企业等经营主体，大力推进"休闲农业+"，突出绿水青山特色、做亮生态田园底色、守住乡土文化本色，彰显农村的"土气"、巧用乡村的"老气"、焕发农民的"生气"、融入时代的"朝气"，推动乡村休闲旅游业高质量发展。

一、乡村旅游的概念及特点

（一）乡村旅游的概念

乡村旅游特指在乡村地区开展的，以特有的乡村人居环境、乡村民俗文化、乡村田园风光、农业生产及其自然环境为基础的旅游活动，即以具有乡村性的自然和人文客体为吸引物的旅游活动属于环境旅游范畴，以具有乡村性的人文客体为吸引物的旅游活动属于文化旅游范畴。所以，乡村旅游包括了乡村性的环境旅游和乡村民俗文化旅游。在某一乡村地区开展乡村旅游活动，活动内容究竟是以环境旅游为主，还是以文化旅游为主，取决于该地区的本质特征。

（二）乡村旅游的特点

1. 乡土性

乡村旅游是从乡村发展而来的，其乡土性是吸引众多都市游客的重要因素之一，吃农家饭、住农家舍、体验农家情都是乡村旅游开发的重要项目依托，所以乡土性是乡村旅游独一无二的特性之一。

2. 地域差异性

乡村旅游资源形态各异，且大多以自然风貌、劳作形态、农家生活和传统习俗为主，受季节、气候和水土的影响较大，因此乡村旅游时间差的可变性、布局的分散性，可以满足游客多方面的需求。

3. 项目多样性

乡村旅游不仅指单一的观光游览项目，还包括观光、娱乐、民俗等多功能、复合型旅游活动。乡村旅游的复合型导致游客在主题行为上具有很大程度的参与性，如垂钓、划船、捕捞、娱乐、参与劳作活动等。乡村旅游重在体验，能够体验乡村的民风民俗、农家生活和劳作形式，在劳动的欢愉之余，还可购得满意的农副产品和民间工艺品。

4. 游客来源明确性

开阔的农村大地是乡村旅游的目的地，对于那些生活在高楼大厦里，不知农村烟火的大城市人们来说，他们的旅游兴趣较大，故其为乡村旅游的主要目标客源。随着国内旅游的兴盛，乡村游的市场需求逐步增长。城里人希望摆脱高楼峡谷、水泥森林，缓解工作、高负荷的压力，满足怀旧和对自然的向往需求。

5. 旅游费用低廉性

由于乡村旅游的背景是发生在乡村，旅游活动内容也以乡村自然风光和乡村生活的观光或体验为主，而旅游的接待者主要是农民，这就使得乡村旅游与其他旅游形式相比成本比较低。相应地，乡村旅游消费也就低廉。

6. 参与体验性

乡村旅游中，游客们自身的参与性比较强，游客们可以充分地感受到农家乐、亲身去体验农民的劳动过程，深切地去融入当地的民风民俗中，还能买到新鲜的民间手工艺品和农副产品。

7. 短时短距性

乡村旅游针对的主要是周边的城镇市场，因此旅行的距离较短，不同于一般性的中长线休闲度假。

8. 民情风俗性

我国民族众多，各地自然条件差异悬殊，各地乡村的生产活动、生活方式，民情风俗、宗教信仰、经济状况各不相同。就民族而言，我国有 56 个民族，如云南的傣乡、贵州的苗乡、广西的壮乡、湖南的瑶乡、海南的黎乡、新疆的维乡、浙江的畲乡、西藏的藏乡等都具有引人入胜的民俗风情景观。

9. 乡土艺术性

我国的乡土文化艺术古老、朴实、神奇，深受中外游人的喜爱，如盛行于我国乡村的舞龙灯、舞狮子，陕北农村的大秧歌，东北的二人转，西南的芦笙盛会，广西的"唱哈"会，里下河水乡的"荡湖船"等。

10. 乡村传统劳作性

乡村传统劳作是乡村人文景观中精彩的一笔，这些劳作场景诸如水车灌溉、驴马拉磨、老牛碾谷、木机织布、手推小车、石臼舂米、鱼鹰捕鱼、摘新茶、采菱藕、做豆腐、捉螃蟹、赶鸭群、牧牛羊等，充满了生活气息，富有诗情画意，使人陶醉流连。

11. 政策支持性

2015—2023 年的中央一号文件中，曾多次涉及乡村旅游相关内容。2021 年中央一号文件重点提到了"休闲农业""乡村旅游精品线路"和"实施数字乡村建设发展工程"三项内容。因此，乡村旅游成了国家各个层面政策支持的重要经济项目。

12. 可持续发展性

由于现代乡村旅游融乡村自然意象、文化意象和现代科技于一体，融旅游发展与农业生产于一体和融城市旅游与乡村旅游于一体，因而是可持续旅游。

二、乡村旅游的发展意义

发展乡村旅游是深挖农业资源禀赋优势，打造特色农产品品牌的需要。特色农产品品牌的创建是体现特色农产品价值，实现农业增效、农民增收，推动乡村产业振兴的重要支撑。

首先，因地制宜建立发展区域性公共农产品特色品牌，充分发挥自身资源禀赋优势，努力提升特色农产品的内在价值，体现出与其他同类产品的差异，走"人无我有""人有我优"的品牌发展之路。其次，立足资源优势打造特色农业产业集群，建立区

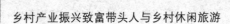

域性特色农产品"收储运"系统，完善公共基础设施建设，培育聚集各类经营主体，拓展多元化特色农产品种类。最后，坚持线上线下结合的经营模式，通过"互联网+特色优势农产品"等方式开展农产品品牌传播活动，提升市场和消费者对特色农产品的认可度。

（一）发展乡村旅游是拓展农业产业链，提升农产品价值链的最终结果

农产品的深加工程度越高，农业产业链的完整度越高，其附加价值也就越高。一是横向延伸。增加产业链内部的农产品深加工环节，加大初级农产品的综合利用程度和精深加工力度，扩大农业产业范围，提高产业链内部组织规模，进而提升农产品附加价值。二是纵向发展。从纵向角度使产业链向前向后延伸，重点要放在农产品加工业，尽可能提高农产品精深加工比例，实现价值增值。同时，努力扩大农业产业链纵向规模，只有具有规模的产业链，才能真正发挥出相应的市场竞争力。

（二）发展乡村旅游是提高农业多功能认知，开发乡村产业振兴新动能的必然要求

拓展多功能农业是实现农业现代化转型和推动农业高质高效发展的必然要求，更是实现乡村振兴的关键路径。第一，树立农业多功能性观念，提高对农业多功能的认知。通过摒弃传统农业

固有思维观念，重新定位农业功能。第二，制定农业多功能拓展的顶层设计规划。依托地区资源优势和产业基础，科学制定农业发展规划，以推动农村田园综合体建设。第三，利用农业的生态功能，依据地方特色打造生态景观，吸引游客参观。运用农业的社会化功能，以田园综合体为基础发展相关产业，实现产业融合与产业聚集，进而促进农村剩余劳动力就业，促进产业振兴的进一步发展。

（三）发展乡村旅游是推进一二三产业高效融合，促进乡村产业高质量发展重要途径

首先，可以促进农业与农产品加工业融合发展，提高农产品加工转化率。合理布局农产品加工区域，促进农产品就地加工，提升农产品加工转换效率。其次，通过改善涉农基础设施条件，加强各类农产品物流运输设施建设。在农产品集中产区改扩建一批集散功能强、辐射范围广的农产品产地批发市场，支持企业建立农产品加工配送中心。最后，可以有效推进农业与第三产业融合发展，提高农业价值创造能力。发展观光采摘、农耕文化体验、垂钓、市民菜园等建立在农业生产基础上的新型服务业，促进产区变景区、产品变礼品、农房变客房。

【想一想】

1. 特色农产品开发模式包括哪些内容？

2. 农业产业链延伸模式包括哪些内容？

3. 农业多功能拓展模式包括哪些内容？

4. 乡村休闲旅游模式包括哪些内容？

第六章　乡村休闲旅游产业的
打造与创新

【本章导读】

乡村旅游作为乡村产业的重要组成部分，横跨一二三产业、兼容生产生活生态、融通工农城乡，是实现产业兴旺的重要途径。一方面，发展乡村旅游不仅可以拓宽农民就业空间、提高农民经济收入，还可以促进乡村基础设施建设、推动乡村文明进步、调整乡村产业结构并拉动乡村经济增长。另一方面，发展乡村旅游对增进城乡交流，推动社会主义新农村建设，以及促进城乡和谐繁荣发展具有重要的现实意义，是加快新型城镇一体化进程的重要手段。

第一节　乡村休闲旅游产业发展现状和短板

根据农业农村部数据，截至 2019 年底，我国乡村旅游行业经营单位超过 290 万家，全国休闲农庄、观光农园等各类休闲农业经

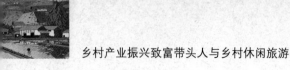

营主体达到 30 多万家，7 300多家农民合作社进军休闲农业和乡村旅游。《全国乡村产业发展规划（2020—2025 年）》指出，到2025年，年接待游客人数超过 40 亿人次，经营收入超过 1.2 万亿元，乡村旅游年均复合增速将达到 3.8%。全国绿化委员会办公室发布的数据显示，2021 年以乡村旅游为主的国内生态旅游人次达 20.93 亿人次，占国内旅游总人次比重达 64.5%。可以看到，虽然在疫情防控常态化背景下，游客总人次有所减少，但是乡村旅游始终以自身"小而美"的产品特性，占据着国内旅游市场的"半边天"。因此，我国乡村旅游的发展空间和增长潜力还很大。

一、发展现状

国内乡村休闲旅游发展快速，但从总体上看，目前我国的农村休闲旅游仍处于发展的初级阶段。当下，乡村休闲旅游消费群体扩大，已成为国内旅游的一大亮点。未来乡村休闲旅游必将成为我国未来旅游行业发展主体，这对我国的农村旅游来说，是一个难得的商业契机。

现从以下 3 个方面来分析乡村休闲旅游发展现状。

（一）主题模式日趋多样化

随着大众旅游时代的到来，乡村旅游在多元需求中成长，已超越传统农家乐形式，向观光、休闲、度假复合型转变。

1. 从乡村观光转向乡村生活

乡村良好的生态资源和独特的生产生活方式，越来越成为乡村旅游的重要吸引点，自然观光、亲子陪伴、健康养生、休闲度假、身心放松等需求不断增长，催生了特色民宿、夜间游览、文化体验、主题研学、康养旅居等产品和项目的开发。

2. 从简单建设转向特色化、精品化经营

乡村旅游正逐渐成为一种经常性的休闲活动，涌现出一批特色民俗村、田园休闲农庄、农业科技园、传统古村落、艺术小镇等。有的地方推行"一村一品"的差异化发展策略，深挖内涵，精心设计，打造精品。

3. 从乡村旅游点转向乡村旅游集聚区（带）

乡村旅游正从过去的一个个点、一个个村，扩展为一个个片区、一条条特色旅游带，乡村风情小镇、乡村绿道等应运而生。如今，乡村旅游发展往往以一个重点村为核心，联合周边景区、行政村、自然村，打造集产学研、参观游览、休闲娱乐、商务会议、文化体验于一体的乡村旅游休闲目的地。

4. 从单一业态转向全产业链

经过多年的发展，乡村旅游已经从农家乐、采摘园等单一业态，转向多业态、全产业链经营，实现创意设计、资源开发、餐饮住宿、文创商品、特色农产品销售、网络社交互动等全产业链运营。投资主体也日趋多元，既有农户个体或合伙经营，也有村集体投资经营，一些较有实力的企业也积极介入乡村旅游开发。

（二）主体类型呈现多极化

主体产业是根本，发展乡村旅游的第一步是对接市场需求，挖掘乡村地方产业潜力，并形成核心吸引，树立产业品牌，形成首批客源，为后期旅游要素的发展和产业链条的延伸打好基础。乡村休闲旅游目前主要有 3 类主体。

1. 家庭经营主体

一般来说，家庭经营主体即为"家庭作坊"，根源于自力更生的传统小农经济社会，相较于大规模的经营方式，更加具有灵活性、个性化，在把好环保、资源、安全关的前提下，积极保护传统家庭经营方式，并促进向现代家庭经营方式转型。

2. 村办经营主体

村级集体一般以土地、资金等资产折股，按照现代股份制公司改革和发展农村集体经济，促进农村经济发展壮大。

3. 社会经营主体

在政府引导下，一方面，进行内部培育，鼓励当地优势企业兼并重组、品牌连锁、特许经营等，政府调控引导组建较大型的旅游企业集团；另一方面，改善投资环境，通过招商引资吸引区域外具有较强资金实力、经验丰富、管理科学的企业入驻本地，合理开发利用本地优势产业资源，打造具有地方代表性和影响力的乡村旅游项目。

(三)"三产融合"涌现新亮点

历年中央一号文件及相关政策文件强调，推进农村一二三产业融合发展。增加农民收入，必须延长农业产业链、提高农业附加值；通过乡村旅游与三产融合的方式，能够推进农业供给侧结构性改革，推动绿色发展为导向的乡村振兴真正落地实现。

1. 乡村旅游与第一产业的融合

做休闲农业就是为了延长农业的产业链，就是为了实现农业、农村、农民价值的再创造。通过产业链的延伸、价值的再创造，把以前不值钱的变得值钱了，把以前不能卖钱的都卖掉了。积极开发农业多种功能，挖掘乡村生态休闲、旅游观光、文化教育价值；加大对乡村旅游休闲基础设施建设的投入，增强线上线下营销能力，提高管理水平和服务质量；激活农村要素资源，增加农民财产性收入。浙江安吉是中国美丽乡村建设的发源地，也是休闲农业和乡村旅游做得最好的地方之一。他们以前的主产业就是烧石灰，由于安吉是黄浦江的源头，为了保证上海人的饮水安全，开始做产业转型，当地政府以安吉是黄浦江的源头为卖点，通过规划设计、宣传推广把上海人拉到安吉来休闲旅游。现在不仅上海人喜欢去，全国各地的人们都喜欢到这地方来休闲、放松、旅游，从而带动了安吉休闲农业和乡村旅游的发展。

2. 乡村旅游与第二产业的融合

做休闲农业还要与第二产业进行融合，第二产业主要就是农产品的深加工，农产品深加工解决的是客户的需求。曾有旅游专家讲过一个后备箱的故事：我看一个地方的乡村旅游发展的好不好、生态农业做的成不成功，标准就是就看游客的车的后备箱是不是装满了当地的土特产。用什么东西来装满他的后备箱呢？应季的农产品只能满足一时，别的时间怎么办呢？要满足游客旅游中"购"的需求，必须有一些深加工的东西，就要把农产品变成礼品，通过深加工提高农产品的附加值。同时，深入开发利用农村的传统手工业。例如，特色民俗产品、油画、竹筐等，这些手艺可以教游客做，也可以做好卖给游客，能更好地提高游客的参与感，带动当地农民的就业，促进了当地农民的增收。

3. 乡村旅游与第三产业的融合

乡村旅游与第三产业的融合主要体现在以下方面：一是文化创意产业。农村蕴含着丰富的民俗文化、农业产业文化。这些丰富的"原材料"必须经过文化创意产业的加工，才能发挥出应有的价值。农村遍地都是资源，农村的水、农村的土地、农村的牛，都可以变成吸引物，通过一些创意活动吸引游客前来，制作有创意的纪念品，则会更受欢迎，而且会吸引更多的游客前来。二是休闲体验活动。休闲农业的东西并不一定要花很多钱，如有些家庭农场，崇尚的就是生产简单的快乐，从一片荒芜开始，通过组织不同的活动，吸引游客参与其中，组织的相关活动都有足够的角色代入感。园区的设计也很有针对性，能被大人、小孩所接受，大家玩得都很高兴。三是养老产业。随着城乡统筹各项改革的进一步深化，尤其是农村集体建设用地流转政策的进一步明晰，农村地区的养老、休闲房地产开发将会迎来新的高潮。因为农村拥有最宜居的资源：自然资源、社会资源、文化资源，这是任何地方都无法比拟的。

二、存在短板

经过多年的发展，从最开始简单的垂钓、采摘、农家院，乡村旅游已渐近成熟。但从全国来看，还没有摆脱自发式发展的模式，仍然存在一些问题和短板。

（一）基础设施水平较低

对于大部分乡村来说，受经济发展水平制约，旅游基础设施水平较低：一是供水、供电、安全、通信等基础设施建设的问题；二是餐饮、厕所等方面的卫生问题，导致游客入住率下降，重游率下降，严重制约了旅游发展。

（二）追求城市化，失去乡村本色

乡村旅游赖以发展的基础就是其不同于城市的生活环境及民俗风情，但在发展过程中，不少乡村旅游逐渐盲目追求城镇化、高档化，存在着一定的"去农化"倾向，失去本真，另外，大规模高强度接待设施的建设，以"生态、绿色"为核心的吸引力逐渐弱化。

（三）产品同质化现象普遍，缺少精品

乡村旅游的产品结构较为单一，要么都是农家乐，要么都是垂钓，极易形成同质化竞争，不利于旅游市场的健康发展。此外，当下乡村游也存在一定程度的简单、低档等初级阶段特征。

（四）定位不明确，主题不突出

很多乡村旅游项目，并没有深入地挖掘当地文化内涵，从而没有自己的特色。农业、温泉、采摘等旅游产品虽多，但缺乏核心的主题整合，宛如大杂烩，难免使人"失焦"，大大降低重游率。

(五) 运营管理人才缺少，研发服务能力弱

乡村旅游的项目，融合了农业种养、餐饮服务、住宿服务、康体娱乐服务等多种业态，此类综合型人才缺乏，导致乡村旅游项目建成后，产品和服务跟不上，经营困难，更无力升级。

第二节 乡村旅游要加入"文化"要素

人们通常所指的"文化"是指文学、艺术等，扩大些还可包括科学、教育、报纸杂志，甚至道德、法律、信仰、宗教、风俗、习惯等，简而言之，"文化"是环境中人工制造的部分。21世纪，人类前进的步伐将迈向全新的知识经济时代，文化旅游的许多特征与知识经济暗合的状况，决定了文化旅游将成为当代世界旅游业发展的新潮流。

一、乡村旅游产品开发类型及组合

乡村旅游产品组合是指对乡村旅游产品中的生产文化旅游、生活文化旅游以及娱乐文化旅游3个方面内容，所包含的基本类型和规格进行的选择与结合，以形成最优的乡村旅游产品结构与体系，实现最佳效益。首先，从乡村旅游产品开发的层次上看，要重视两个方面的产品组合，一是拓展乡村旅游产品的广度和深度，二是向上扩展产品线。其次，从乡村旅游产品的营销组织来看，则需要设计好乡村旅游产品的内部组合和与外部其他旅游产品的组合。

二、打造不同类型"文化"要素

如今，人们的休闲旅游需求日趋强烈，而且已不满足于单一的农家乐、观光、采摘等休闲农业体验模式，需求日趋多元化。面对这种市场需求，现代休闲农业园区，不论项目规模、主题定位如何，必须以游客的体验为起点进行设计和安排。

我们可以以农业文化、农村民俗为纽带，从以下 10 个基本要素出发，落实到产品设计和游客感知的各个维度，使休闲农业向深度和广度方面发展，丰富休闲农业产品的内容，为消费者提供高品位、多层次、全方位的休闲体验。这样打造出来的乡村农业文化旅游情调，不仅特色鲜明，且"农味"十足。

(一) 观光是乡村旅游、休闲农业基本的构成要素

视觉是人最重要的感觉，人体外界有用信息80%以上是经过视觉获取的，因此，观光游览、体验农业美必然是休闲农业基本的构成要素。"赏"比"游"更能体现休闲农业体验给人心灵上带来的愉悦，而且休闲农业中"赏"的内容和方式都很广泛，可以无限地进行挖掘和创新。

(二) 收割和采摘可以作为吸引游客和赢利的抓手

采摘作为近年迅速兴起的新型休闲业态，以参与性、趣味性、娱乐性强而受到消费者的青睐，已成为现代休闲农业与乡村旅游的一大特色。采摘聚人气，带财气，成本低，收益高，是休闲农业园吸引游客和赢利的抓手。农业采摘不仅类型可以丰富多样，如草

莓、葡萄、番茄、柑橘、杨梅、小西瓜、桃、枣、柿子、核桃、柚子、板栗、蘑菇、茶叶等,都可以成为人们采摘体验的对象,而且还可以深度挖掘,进行细分,例如针对儿童、情侣、残障人士等各类人群打造不同的采摘环境。

(三) 饮食为消费者带来味蕾绽放之旅

民以食为天,长久以来,中国各地由于气候、资源及经济条件等原因,形成了差异化的饮食习惯和博大精深的饮食文化,风味多样且四季有别。近年来,伴随着人们对健康饮食方式的日益推崇,城市居民越来越崇尚乡村美食的生态自然和简单朴实,对于一些出游者而言,品尝特色乡村美食,满足味觉享受,就是到乡村去的原动力。在休闲农业中,"吃"应该超越基本的生活需求,提升为"尝",为消费者提供具有本地特点的美食,从食材、调料、做法、容器、饮食环境、饮食文化传承等各方面打造不一样的"食"体验,体现鲜明的本地特色和难以复制性。而根据不同的农业主题,又可以延伸出很多内容,如田园主题餐厅、鲜花主题宴、渔村特色鱼宴等。放眼全球,也有不少缺乏特色自然资源的乡村,凭借特色美食成了人们追捧的旅游地,如北京怀柔(虹鳟鱼)等。

(四) 进行农业知识科普宣传,发挥农业的教育功能

缺少科普教育的休闲农业体验是残缺的、不完美的,因为从城市人需求的视角来看,久居城市的人们渴望了解农业的奥秘及农村的生活方式,这种农村和城市的差异性、互补性是发展旅游的基本条件。而在休闲农业中,"学"又无处不在,例如农业科普、农业

生产劳动中蕴含的人们的智慧和勤劳、人与自然的和谐、乡野幽静的环境等。

（五）农事是休闲农业的灵魂

农业以耕为本，农耕是休闲农业与乡村旅游区别于其他休闲类产品本质的体现，是休闲农业的灵魂。农耕文明是中国几千年的历史沉淀和中国传统文化的核心组成，在发展现代休闲农业的过程中，应对其精髓加以继承、弘扬和创新。在现实中，除了农耕博物馆、农耕劳动体验、亲子小菜园等形式外，探索更为丰富多彩的体验方式，往往是休闲农业园出彩制胜的关键。

（六）休闲农业的快乐元素

在休闲农业环境中，有抓鱼、钓龙虾、捡鸡蛋、逮鸡、斗蛐蛐、斗羊等乡村野趣项目，民间地方戏、民间演义、篝火晚会等乡村娱乐活动，还有玉米迷宫、真实版愤怒的小鸟、稻草人等创意农业活动。这些轻松有趣的玩耍、嬉戏活动，对青少年有着强大的吸引力，也很容易将成年人带回无忧的童年时代，引起情感上的共鸣，延长旅游者停留时间，提升游客的满意度。

（七）休憩放松心情、释放压力是大多数旅游者出游的主要目的

休闲农业中的"憩"不仅指住宿体验，而是从各个方面给消费者带来身体和心灵的放松与享受，契合旅游者出游目的。对于发展旅游必不可少的住宿，在休闲农业中应淡化住宿设施本身的功能，

植入农村文化和农业特色元素，强调乡村特有的住宿体验。在休闲农业规划设计中，非常注重对项目地原有民居等资源的利用，同时善于融入木屋、房车营地等原生态、环保时尚性休闲产品。

（八）发现农业的健康功能

农村不仅可以为游客提供新鲜的空气、轻松的氛围、原生态的食品等，更重要的是农业生产的丰富性、完整性和前后关联的连续性，给劳动者的生活带来了变化和节奏，是完整人性的体现。而当雾霾成为常态天气，城市环境污染日益严重，更让很多人都无比向往自然的绿色，逃离城市，寻找天然氧吧，成为人们休闲的热点。养生、养心、养肺、养颜、修身养性等，都可以成为乡村文化旅游中"养"的内容。

（九）土特产快乐"淘宝"

在乡村旅游中，"淘"实现了农产品的直销，使乡村生产者与城市消费者直接对接，减少了中间销售环节，生产者的利润大幅度提高。而且，出游者大多有购买体验的需求。因此，如何打造类型丰富又具有自身特色的商品，让游客快乐地把商品带回家，也应该是园区经营者最为关注的问题。商品的开发应跟乡村旅游主题相结合，例如我国台湾地区以葱闻名的三星村，仅与葱相关的美食就多达四十余种，除了常见的葱油饼、青葱饺子外，还有葱根茶、葱蒜酱、香酥葱、葱蛋卷、青葱牛轧糖、青葱冰激凌等。让游客快乐购买的方法还有很多，就销售方式来讲，休闲农业应强调消费引导和购买体验的过程，以满足消费者心理和精神需求的体验式消费为主。

（十）回归休闲农业高层次的体验

都市生活的紧张繁杂，使人们对于返璞归真的纯手工农业生产及生活越来越喜爱，休闲农业应本着"生态乡野，回归本真"的原则，让消费者情不自禁地产生回归大自然的情愫，产生心灵的归属感。

以上 10 个要素，可以从农业生产文化、农业生活文化和农业娱乐文化 3 个方面进行深入的开发。乡村农业文化旅游，提升乡村旅游品质；让你的农庄更具性格，更加诱人，让你的民宿更加人性化，让你的农家乐更有品位。

第三节　乡村旅游要加入"体验"要素

一、注重"参与"，打造乡村旅游"体验"要素

去乡野，孩子是为了摘花、采果、扑蝴蝶，年轻人是为了寻求野趣、刺激，中年人就是观光享受之余，趁机活动下四肢，种种菜，老年人则是为了忆忆童年、休闲养生，达到短期养生目的。不管哪个年龄段，从步入乡野开始，都有一个共同的需求：舒心。

如果吃顿饭、拍张照就走，很难达到舒心的目的，更别说留恋了。他们要玩，要好玩，要持续的乐趣。

当今人们的休闲旅游需求日趋强烈，而且已不满足于单一的农家乐、观光、采摘等乡村旅游休闲农业体验模式，需求日趋多元

化。面对这种市场需求，乡村农业文化旅游，不论项目规模、主题定位如何，必须从游客体验本身说起。体验即提供一定的参与性，不仅可以让游客获得新的感受和得到休闲的乐趣，还可以增长见识，积累经验，达到怡情益智的效果。在乡村农业文化旅游体验的设计中，要尽可能地把生产过程中某些环节的一般性操作转化为可参与性的操作，给游客提供尽量多的直接感受的机会，如参与耕作、播种、采收、捕捞，或是学习修剪、嫁接、挤奶、剪毛等。当然，为保证生产的正常运行，有的可单辟专区、专项提供农事参与的内容。可从观光、采摘、饮食、科普、农事、娱乐、休憩、土特、回归9个基本要素出发，落实到产品设计和游客感知的各个维度，使休闲农业向深度和广度方向发展，丰富乡村农业文化旅游的内容，为消费者提供高品位、多层次、全方位的休闲体验。这样打造出的休闲农业，不仅特色鲜明，而且农味十足。

乡村农业文化旅游的精髓正是在于让都市人回眸传统农家生活的自然乐趣，使他们在旅游中通过参与和体验，获得身心的愉悦。因此，经营者在开发乡村旅游时，应依托自身不同的区位与自然条件，大到田园风光、自然山色，小到农户居家生活，设计出一些以农业、农村、农事为主要载体的注重游客参与性的项目，如农事活动、民俗、竞体健身等。农事如养殖、放牧、捕鱼、采茶、摘果等。民俗文化具有较强的大众性，因而也蕴藏了很强的可参与性。在浅层的观光旅游之后，城市游客往往更注重对深层次的民俗文化的关注和追求，故乡村旅游开发中要注意设计一些易于操作的民俗活动，如登鸳鸯楼、抛球择婿、坐花轿等。注重发展竞体健身等项目，如划船、垂钓、舞龙狮、踩高跷、放风筝、看花灯、唱山歌、扭秧歌、打腰鼓、赛龙舟、滚铁环、踢毽子、丢沙包、下五子棋等。多样化的参与活动，可以使城市游客体验在城里体会不到的快乐，得到身心的极大满足。

二、"互联网+"新常态下乡村旅游的转型升级

在"互联网+"的时代，作为一手牵着农民，一手牵着市民；一手托着农村，一手托着城市；一肩挑着一产，一肩挑着三产，不仅关系全国 5 亿农业人口福祉，还关乎 9 亿城市人口生活质量和生活品质的乡村旅游，该如何拥抱互联网，实现"互联网+"新常态下的乡村旅游转型升级？"互联网+"的本质，是企业通过互联网收集海量的信息和数据，从中分析、倾听消费者心声，以此快速改进产品和服务，提供极致的消费体验。它促使当下以企业为中心的产销格局，转变为以消费者为中心的新格局。传统的乡村旅游要借"互联网+"之风发展升级，就要从旅游产品、营销模式、经营管理模式、软（硬）件、保障体系五大方面实现升级。

（一）旅游产品的升级

互联网乡村显然不是乡村的在线化和数据化，而应是以先进技术为支撑，以产品建设为根本，因此乡村旅游想要取得可持续的发展，就要对接互联网消费思维，实现旅游产品的升级。

1. 乡村旅游创意产品的融入

互联网时代，人们的消费已经进入个性化消费时代，传统的农家乐已经不能满足消费者的需求，因此乡村管理者一定要保持创新意识，在信息的帮助下寻找产品创意，利用每一个乡村都拥有其独特的民俗、特产、风貌去深度创意。在农产品创意领域，已经有"褚橙""卖檬"等创意品牌走出了一条路，通过"网络范儿"视觉与文字包装，品牌拥有了鲜活的生命力。

随着生活水平的提高以及环境意识的加强，人们食用蔬菜和肉食时，都在寻找味道好、品质佳、利健康、保安全的"放心菜"和"健康肉"。但是化肥、农药、除草剂、饲料添加剂以及生长调节剂的使用，大大提高了产量，但同时也带来了有害物质残留、环境污染等问题，给人类的健康构成了威胁。能够拥有自己的"三分"小菜园，一个属于自己的猪圈、鱼塘等，既可自己亲自劳作，又可委托管理，体会收获的喜悦，成为许多城镇居民尤其是中老年朋友的愿望需求。未来几年，我国物联网将快速发展，认养园的私人定制方可以在电脑上看到认养园中植物和动物的实时成长情况和管理情况，这将大大促进认养园的发展。

2. 新业态类型产品的拓展与开发

互联网时代下，要以全域化、特色化、精品化为乡村旅游的发展理念，拓展与开发乡村休闲、农业公园、休闲农场、乡村营地、乡村庄园、乡村博物馆、艺术村落、市民农园、民宿等新业态类型，助推从乡村旅游到乡村旅游生活的转变。

乡村旅游要扩展产品形态，不仅要"卖"生态、文化，还要"卖"农产品。乡村旅游农产品"怎么卖"？在挖掘、整理和推介宣传后，还必须借助电商平台。在保证农产品质量的同时，农产品各个生长过程的信息进行统一汇总，进而形成一套由数字构成的"绿色履历"。消费者只需要扫描产品外包装上的二维码，就能看到完整的农产品种植管理信息，消费者选购时也会更加放心。"乡村旅游+电商"也成了湖南精准扶贫的新路径。

　　3. 网络可视化产品的增加

　　在线上微信互动、网上订购、"关注抽奖""媒体网络互动、大众广泛参与"，线下"野外踏青、景观垂钓、采摘乐趣、水果佳肴、健身暴走、畅享自然"基础之上，打造多种私人定制化的产品，通过网络可视化技术，提供乡村旅游产品的实时动态分享，让线上的消费者变为线下游客、线下游客变为线上消费的常客。

　　(二) 营销模式的升级

　　1. 化客体消费为主体宣传

　　从加强景区自身建设出发，充分考虑消费者需要，让游客在实地游玩中享受、归心，营造多个拍照点、点赞点、感悟点、分享点，借助互联网平台分享出去，实现化客体消费为主体宣传。

　　充分利用现代媒体和自媒体创新营销方式。例如，利用微博、博客、微信向顾客推送产品、活动、互动等信息；利用电子商务平台、网络平台、大V、大咖等推广自身的产品；拍摄微电影，将关于乡村旅游及游客等有趣的故事表现出来，引起大众的关注。

2. 线上线下齐头并进

乡村旅游营销模式要实现"线上线下"互动营销、融合营销、精准营销，在做好线下营销的同时，要加大线上营销的力度。做好网站建设、微信、微博、微商、团购等多种互联网营销模式，除了提供乡村的地理位置、交通状况、旅游价格、自然风景、人文特色、村庄特色、民风民俗、住宿餐饮信息之外，还能对旅游者游览线路、时间安排、食宿安排等提出建议，实现从"卖产品"转变为营销乡村休闲生活方式。

3. 区域资源的整合营销

乡村旅游不是一家一户的各自为战，而是要实现资源的共享、形象的整合和市场一体化基础之上的整体化营销，采取政府引导、舆论造势、企业实施、农户合作的营销策略，通过统一整合产品、统一编排线路、统一包装形象，实现村庄整体的"乡村旅游名片"，或者是区域范围乡村旅游目的地的综合感知。

（三）经营管理模式的升级

建立乡村旅游服务平台，发挥互联网在游前、游中、游后的优势，实现线上线下紧密结合的高效管理。通过与农业开发公司或旅游网站合作，将闲置的乡村旅游资源进行度假租赁的分级、整合、规模化管理，实现旅游资源的在线展示和预订，同时借助平台影响力，通过 App 与游客进行在线互动。完成线上信息展示、营销、互动、决策、预订、支付等乡村旅游游前的线上服务，到线下个性化、多元化的乡村旅游体验的闭环过程。

（四）软（硬）件的升级

要实现互联网与乡村旅游的融合，必须具备硬件和软件的双重保障。加快完善乡村智慧旅游基础条件，建立基础设施保障，提供完备的景点网络、交通、医疗卫生等基础公共设施。并结合乡村旅游的特色，整合乡村各项地理信息、人文资源信息，建立相应的智慧旅游基础服务系统，引进互联网技术人才，为乡村旅游提供技术服务支持。

（五）保障体系的升级

在现有旅游标准化工作的基础上，推动乡村旅游信息标准化建设，逐步建立标准统一、数据规范、持续更新的乡村旅游信息化标准。同时，建立健全乡村旅游信息安全保障体系，鼓励行业主管部门和相关旅游企业使用技术先进、性能可靠的信息技术产品，配合第三方安全评估与监测机构，加强政府和企业信息系统安全管理，构建起以网络安全、数据安全和用户安全为主的多层次安全体制，保障重要信息系统互联互通和部门间信息资源共享安全。

乡村旅游发展进入"微时代"。微时代对应移动互联网的时代，对旅游的营销、管理、传播、开发等，包括旅游的关系都提出了全新的话题。例如，我们所谓的提质、升级，主要是体现在这里。其中，业态、投资和运营管理的主体、对应的生活方式都发生了巨大变化。城市流行什么，在乡村就一定会出现什么时尚的业态。

第四节　乡村旅游产业的创新升级

一、乡村旅游产业的创新

目前，乡村旅游发展中的困境集中体现在旅游产品的"三化"，即老龄化（旅游产品基本上维持原状）、同质化和初级化。很多地方的乡村旅游至今仍停留在"农家乐"的初级层次上，只发挥了乡村餐馆的功能。给游客提供的只有棋牌、麻将、垂钓、采摘和农家餐饮服务，游客停留时间和消费内容受到限制，该类消费也容易被其他多种多样的餐饮形式所替代。在资源同质、文化同源和地理位置邻近的情况下，乡村旅游资源开发的超前性和创新性显得尤为重要。提升农耕文化旅游产品的品质，做到"人无我有，人有我新，人新我特"，使游客每到一处都有新的看点、新的感受、新的享受。休闲旅游和乡村文化旅游是创意农业功能拓展的主要方向，也是创意农业获得高附加值的主要途径。利用创新理念设计出各种蕴涵乡村文化的休闲旅游项目，将创意农业从"观光"向"观光+度假+体验"的多元功能转变，从而实现创意农业价值体系由单一价值向复合价值的转变。

乡村农业文化旅游创新成功的案例有很多，其中尤以沿海发达省区为最。例如江苏苏州的乡村农业文化旅游开办得如火如荼。他们的成功，一是在可参与性上动脑筋。农耕文化旅游的参与性强是它的一大特点。二是在提高科技含量上做文章。三是在产业链上挖潜力。为了解决乡村旅游开发主体类型单一、力量薄弱、各自为战等问题，乡村旅游转型升级中必须拓宽视野，创新思维，寻求新的乡村旅游开发主体。在目前的情况下，可以采取的主要途径包括专业合作社、农业龙头企业和外来旅游企业。

创新乡村旅游的制度安排。乡村旅游发展需要良好的外部环境，其中十分关键的就是制度环境。约束乡村旅游发展的制度要素，突出地表现在土地流转与旅游项目建设用地方面。为此，必须大胆探索，先行先试，创新乡村旅游的制度安排。例如，长沙市宁乡关山村，开展农民集居实践。实施国土综合治理，推进村庄、道路、土地三项整治，推进农民住房由平房向楼房转变，分散向集中转变，实现宅基地由耕地向荒地转移、平地向坡地转移，节约集体建设用地指标约400亩。以前散居的农民，实施集中居住，相对集中的民房实施统规改建，建设充满湖湘文化特色的农民新居。开发乡村旅游，取得了极好的生态、经济和社会效益，成了远近闻名的示范典型。

对于很多乡村旅游的景点来说都面临着同样的困惑：人来了却留不住，好不容易留住了人却留不住心。而在个性化消费日趋明显的时代，不少去过休闲农庄的人也都会发出一种感叹：去过农庄千千万，没有几个值得玩。那么对于那些做得好的农庄，其留人、留忠诚、留钱的秘诀到底是什么？以创新的思维，融创意元素，用多元手法，打造满足人们追随乡野生态风情，深度体验休闲的需求的乡村旅游，是在这场没有硝烟的战场上制胜的法宝。

创新没有模式，没有边界。符合潮流所趋，迎合顾客所喜，才是乡村农业文化旅游具有持久魅力的根本。那么怎样才能达到这种境界呢？秘诀就是整合一切可利用的资源，重度垂直经营，例如，休闲农庄的基础是农业种植、养殖产业，这也是农庄能够持续经营下去的根本。无农不强，无旅难富，开发多元化的新、奇、特农产品，是农庄经营的核心竞争力。乡村休闲旅游很容易陷入假日经济的泥潭，产品的精深加工显得尤为重要，要将生鲜产品向干货制作、开发功能饮品、提炼美容保健品、旅游商品等方向发展，满足顾客不同的需求，延长产业链，同时解决淡季无事可做的问题，提高经营效益。满足游客眼球的需要。有创意的产品，才具有恒久的生命力。无论是产品、包装，还是景观小品，都要注入创意的思维，可适当结合时尚元素，让游客有耳目一新、眼前一亮的效果。例如，时尚元素很切合年轻人的胃口，如一些农庄在产品设计时，将时尚、休闲要素融入其中，通过求婚、求爱等动态的新奇体验，打造"爱的艺术"大地景观，设计时尚的休闲方式，如为年轻团体或情侣提供露营、户外休闲娱乐、健身、特色餐饮等，营造出颇具浪漫情调的"爱的伊甸园"，以吸引大量的年轻人和情侣。休闲项目的设置要加强互动环节，引导游客深入体验，从中获得知识、技能或者新鲜的经历。例如，在休闲牧场，游客不仅可以观察动物的习性，还可以亲自喂养动物，感受人与动物的和谐共处。也可以参与体验喂奶牛、挤牛奶、喝生奶的全过程，感受牧场农家的生活，并学习到一些动物饲养知识、挤奶的手法等，给人留下一段难忘的经历。营销时尚化，服务人性化。如在水果采摘季开展体验活动，让游客自采自摘，将销售融入体验中去，使游客乐享收获的喜悦，还能节约人工采摘成本。开展"打造会说话的水果"特色劳动体验活动，让小朋友和家长进行亲子互动，用印有吉祥语、京剧脸谱图案、卡通人物等各种表达情意的图案字帖，给刚摘下的水果贴上自己喜欢图案的"创客帖"，在不知不觉间达到了销售的目的。

二、乡村旅游六大创意构思

近年来，休闲农业同质化现象严重，休闲农业一度进入瓶颈期。那么，在进行休闲农业规划时，除了考虑到满足人们的休闲需求外，还要注意另辟蹊径，融入创意手法，使休闲农业更能抓住游客的眼球，实现升级转型，具体手法如下。

（一）乡土文化创意法

突出乡村农耕文化隐居田园之精髓，彰显本地特色的田园文化。在创意休闲区，将创新设置动态性乡村旅游休闲产品，增加游客长久的关注度与参与度，打造绿色阳光餐厅、现代农业机械体验区、农事家教园、二十四节气园、青少年农业科普教育中心、农业养生园，以及农业体验拓展训练园等项目。各板块相对独立，又相互融合。

（二）动静结合创意法

大众农业体验多停留在采摘与农事体验等较简单、表层的活动上，而随着人们体验需求的不断深入，使静态的农业景观升级为新奇动态的体验活动显得尤为重要，二者结合，使休闲农业不再是单纯的乡土资源观光，而更是对新鲜奇特事物的特别体验。如赏花踏青、摄影、写生、骑游、垂钓、农事体验、参与民俗活动甚至搭台唱戏，乡村休闲体验静动相宜；平时蜗居在城市里的人们能够在乡村的"慢节奏"生活中找到自己的乐趣和"快感"。

（三）养生创意提升法

现代人生活更追求健康养生、康体保健，在休闲农业旅游产品设计时，可将相关休闲方式以此思路进行创意升级，如结合鱼疗蜂疗特色、温泉资源等，或者在进行农庄规划时，有条件的地方可运用现代温室大棚手法和创意温室的形式建造"温泉花园"，使温泉康体养生成为休闲农业产品中极具创意性的打造形式。

（四）特色设施创意法

传统休闲农业园区中农业建筑与设施基本上逃不出"农味"，设计简陋且档次低，浓郁的乡村氛围与现代休闲风格不相融合。未来休闲农业生态园设计需打破传统思维框架，在建筑和农业设施设计上加入创意元素，使之成为吸引游客的亮点。

（五）时尚化创意法

时尚似乎与传统休闲农业格格不入，随着休闲农业消费群体范围的不断扩大，运用创新手法融合时尚元素、时下流行的休闲方式，如露营、户外休闲、狂欢节等，融合到农业休闲项目中，成为吸引消费者的关键所在。如以乡村文化资源开发为核心的创意农业特色节事活动，现代型创意农业节事活动也就是通常所说的"人造节庆"，如果蔬采摘节、花卉观赏节、捕鱼狩猎节、乡村美食节、农业嘉年华等。

（六）产业创意整合法

传统休闲农业主要是农业和服务相结合，以采摘和农家餐饮为主，而现代休闲农业则有更多的市场元素，以相关产业与农业生产相结合的新型农业产业化方式来运作，如将农业和加工产业结合，对农产品进行创意包装，使休闲农业体验达到最大化。

第五节　乡村旅游互联网营销策略

乡村旅游是近些年来最为火热的旅游方式，以亲近自然、感受生活气息为特点占据了当前城市居民短期游、周末游较大的市场份额。但是乡村地区基础设施落后、知名度不高等逐渐使其在发展中展示出较大的不足，尤其在互联网背景下，乡村旅游营销方面缺乏有效的管理，无法进一步提高乡村旅游目的地的知名度。如何在新媒体背景下，以移动互联网为载体，积极开展特色乡村旅游营销宣传，推动乡村旅游行业的更好发展，成了当前乡村旅游产业亟待研究解决的问题。

一、互联网背景下的乡村旅游行业的主要特征

在新常态时期，经济、政治、文化等领域也推动了乡村旅游产

业的快速发展，在农业现代化的助力下，乡村农民的生活状态发生改变，乡村旅游已经成为都市人们摆脱喧嚣繁华、快节奏生活的有效方式，也体现出现代旅游行业的发展特色。在移动互联网背景下，广泛运用现代化互联网技术来创设和谐、优良的生态环境，古朴的民风民情成为乡村旅游产业的吸引物。浓郁的民风、特色的地区环境都成为乡村旅游营销的主要特点，站在文化的视角挖掘乡村文化；注重对原生态的保护，尊重自然、保护自然，这是乡村旅游营销的主要思想，使乡村文化逐渐演变为有潜力的生态集合体，重视旅游资源，实现对自然资源的可持续利用。

二、"互联网+"背景下国内乡村旅游营销面临的机遇和挑战

(一) 机遇

1. 抢占先机的机遇

目前，国内包括旅游业在内的众多行业对于互联网、大数据等技术的运用仍处于初级探索阶段，对于技术的研究尚未达到完全成熟的状态，特别是乡村旅游相比其他现代旅游而言，面对的技术环境更加落后，应当把握机会，创新发展利用，率先构架好旅游网络营销体系，借助新型媒体网络和移动互联网，推出个性化、多样化的营销产品，打造乡村品牌，抢占市场。

2. 人们渴望自然的心态变化

在繁忙、快节奏的都市生活中，人们在工作学习之余渴望寻找一处安静悠闲的环境去体验生活，在这一消费需求的推动下，乡村

旅游在众多旅游中得到游客的青睐。与此同时，受新冠肺炎疫情影响，乡村旅游自然生态化的环境，以及其慢节奏、短周期、近距离的优点，使游客更加看重这种安全、健康、舒适的旅游体验。

3. 人们需求层次的多样化

随着居民人均收入的提高以及带薪休假、法定假期增加，如今游客的出游动机、出游时间、出游方式和消费需求等呈现多样化、个性化的变化趋势，传统的跟团游已经不能满足游客的需求，面对游客需求不断变化的复杂情况，利用互联网的大数据能够为企业搜集到顾客潜在需求的信息，并将其汇总，将顾客潜在的消费需求转换成真实的购买力。

4. 节约营销成本

在国民经济和人均 GDP 增长速度放缓的经济条件下，旅游业的利润空间明显缩小，很多企业都在追求低成本运营，传统的营销需要花费大量的金钱和时间去市场上进行推广、做广告，而通过互联网数据的支持，游客反馈的网络数据可以为旅游企业做好数据支撑，通过对数据的分析，可以精准定位游客的旅游需求，旅游企业可以针对游客的个性化需求制定不同的旅游产品，依据游客行为偏好选择合适的营销渠道和促销方式，从而提高游客在旅游产品使用过程中的满意度，同时降低其营销成本，提高营销效率。

5. 5G 时代的到来为互联网营销提供了硬件支持

中国的通信速度一直是世界第一的水平，目前我国正在普及的5G 通信网络，带来的是更加快捷的网络速度，使我们的移动通信工具在现代社会中越来越不可取代。随着互联网、大数据、人工智能的深度应用，数字化技术是未来乡村旅游业展翅翱翔的工具。

（二）挑战

1. 基础设施建设不足

目前旅游行业对于互联网、大数据技术应用的研究还处于初级探索阶段，且研究成果集中在大型企业手中，小型企业、资源匮乏的地区由于资金不足、技术落后、人才缺少的原因对于互联网数据的应用较少，基础设施建设受到限制，给其发展带来严重阻碍。乡村旅游的发展更是受到严重阻碍，面临着基础交通设施、基础通信设备等落后的情况，就发展现状来说仍有较大的提升空间。

2. 错综复杂的信息带来一定的困扰

大数据可以通过移动客户端收集游客的信息，挖掘其潜在消费需求，但随之而来的是各方面的大量数据的产生，游客任何一个点击都可以产生海量数据源，旅游企业每天都面临着数据的不断产生。而这中间很多都是无效数据，在一定程度上加重了旅游企业的工作负担，降低了有效数据的使用率。

3. 专业人才的缺乏

在互联网技术背景下，旅游行业的从业人员除了需要具备旅游专业相关知识外，还要掌握互联网技术，这在一定程度上提高了旅游行业从业人员的专业能力，对人才的要求更加严格。技术+旅游的结合，对旅游从业人员的要求非常高，这也是一些企业和地方目前仍然无法进一步发展的一个重要原因。

三、"互联网+"背景下国内乡村旅游业营销发展趋势

(一) 产品更加多样化、个性化

"互联网+"背景下游客的多方面数据被获取、分析，加强了游客与旅游企业之间的联系，使旅游企业可以直接面对游客对于旅游产品的需求，不再像传统的旅游市场一样策划单一的产品满足游客，而是有针对性地开发个性化产品，满足不同游客的需求，使旅游产品更加多样化。

(二) 营销更加注重品牌效应

企业间的市场竞争实质上是品牌的竞争，市场上的旅游产品种类繁多、旅游目的地丰富多样，品牌营销是企业营销中的核心，只有明确了自身的品牌优势，打造良好的品牌形象，才能在众多竞争者中脱颖而出。

(三) 更加注重双向沟通和数据分析

传统的旅游市场是单方面由旅游供应商来规划旅游的全过程，这在一定程度上忽视了游客的实际需求，也导致很多旅游产品不能满足游客的旅游需求。利用互联网技术企业可以与消费者进行充分沟通，将消费者的需求更好地传递给旅游企业，并且对潜在需求的分析，可以促使旅游企业把握市场动态，开发出满足消费者需求的产品。

四、"互联网+"背景下乡村休闲旅游营销创新策略分析

5G、大数据、云计算、物联网、VR等技术变革纷至沓来，未

来，在线农场、乡村生活直播、农创云商城等乡村与科技的融合成为现实可能，智慧乡村旅游的发展将成为趋势。

"互联网+"背景下乡村休闲旅游营销总的原则是形成政府协会引导，积极开展有计划的乡村旅游智慧化管理活动，重新定位乡村旅游者信息搜寻工作，保证乡村旅游信息的实时分享。为游客搜寻他们想要的旅游信息，以有效措施树立旅游品牌，并加大对乡村旅游特色产品的宣传力度，积极拓展营销渠道，从游客需求角度出发，为游客提供新颖的、创新的乡村旅游项目，借助高端的旅游产品激发游客的兴奋，促进游客回归自然、更多地体验乡村生活。

（一）强化政府引导作用

乡村旅游行业强劲的发展态势下，以政府部门来促进行业发展，政府支持和引导乡村智慧旅游策略，构建多元化的乡村旅游服务体系，以政府、旅游业协作为主，建立监督流程，旅游产业积极参与，形成政府协会引导，积极开展有计划的乡村旅游智慧化管理活动。地区公安部门、卫生部门、工商部门、交通部门、质检等多个部门联合起来，共同开展乡村旅游营销活动，形成科学决策，注重对乡村旅游行业工作人员的专业指导，支持地方乡村旅游产业的现代化发展，将固定管理改为过程管理，加强过程监督，从而深化政府部门在乡村旅游营销中的指导功能。加快推进乡村旅游发展，尊重政府部门的指导意见，明确创新、开放、共享、绿色、协调等的发展理念，强化政府部门的协调职能，充分借助现有资源，大力发展田园风光、风俗民情、乡土文化等旅游项目，发挥旅游景点的综合性优势，使其带动地区经济发展，由此成为农村特色经济发展的绿色产业，促进农民增收。政府部门联合旅游机构，积极打造地方特色化乡村旅游聚集区，加大对乡村风情小镇、旅游特色村的培育力度，稳步推进美丽农村建设，成功构建乡村休闲度假旅游目的地。

（二）精准策划定位旅游市场

在移动互联网环境下，乡村旅游行业面临巨大的竞争压力，规范乡村旅游者行为，重新定位乡村旅游营销工作，关注受众的主要行为，借助媒介力量，大力发展乡村旅游项目。积极分析乡村旅游的整体发展思路，体现乡村散客旅游者个性化，为游客积极提供有地方特色的乡村旅游产品，利用互联网和计算机的普及，积极搜寻相应的旅游信息，合理安排旅游项目，给予游客个性化的体验，使游客享受更为自由、舒适的旅游方式。重新定位乡村旅游者信息搜寻工作，保证乡村旅游信息的实时分享，为游客搜寻他们想要的旅游信息，在此基础上，利用搜索引擎，快速、精确地找到搜寻结果，准确地定位乡村旅游服务。

（三）丰富营销网络和渠道

大力宣传旅游产品，在产品多样化的时代，扩大市场影响力，根据乡村旅游具体情况，以有效措施树立旅游品牌，并加大对乡村旅游特色产品的宣传力度，借助互联网来推广旅游产品，形成了多渠道的乡村旅游营销路径。通过开展保护生态环境、宣扬乡村旅游文化的活动，拉近消费群体与旅游产品的距离，积极宣传旅游文化，提高消费者对乡村旅游产品的理解和掌握。形成一体化的乡村旅游营销链条，规范旅游产品的营销行为，以媒介力量提高旅游产品销售量，揣摩游客心理，从游客需求角度出发，分析游客存在的潜在消费行为，借助高端的旅游产品激发游客的兴奋点，如构建乡村旅游民风度假村、特色小吃街、地域特色小吃群，大力开发旅游产业，为游客提供新颖、创新的乡村旅游项目。紧跟时代步伐，游客在大自然中感受地域山水、特色小吃的魅力，回归自然、更多地体验乡村生活。

具体开展以下营销渠道的建设。

1. 加大旅游网站的建设力度

旅游网站的建立是游客对旅游目的地加深了解的一个重要渠道，旅游网站的建立是游客充分认识本地旅游产业的重要窗口。通过加强对旅游区网站的建设，不断完善网站一站式服务功能建设，并围绕游客"吃、住、行、游、购、娱"六大环节进行合理设计，可以为前往乡村旅游的游客提供一份有用的"游玩指南"，这也丰富了当地旅游形象。

2. 加强与在线旅游网站的合作

近些年来，线上线下旅行社合作的模式已被大众所接受，通过出行前在线搜索、预订等可以为游客解决旅途过程中的问题，让游客的旅游需求得到保障。在线旅游企业目前也发展壮大，如携程网、去哪儿、美团等都有大量的使用者，而且积累了品牌优势，抢占了大份额的旅游市场。加强乡村休闲旅游与OTA在线旅游企业的合作，可以提高乡村旅游的知名度，减少游客信息收集所耗费的时间和金钱成本，增加游客前往游玩度假的意愿。

3. 新媒体、短视频营销，实现全民参与

新媒体有快速的传播速度和较大的网络影响力，在现代生活中占有不可或缺的地位。抖音、快手等短视频可以让大众更直观地了解到视频里的内容，微博、小红书、马蜂窝等社交媒体可以让大众通过笔触、图片进行有效的交流。乡村休闲旅游区可以充分利用新媒体进行有效的网络营销，通过拍摄视频、微电影等将当地的旅游资源更好地展现出来，给大众带来不一样的感受，激发游客的旅游动机；还可以在社交媒体上开通官方账号，传播乡村旅游资源，与游客进行直接对话，切实为广大游客提供更多的服务和旅游帮助。

4. 培育粉丝社群，缩短营销传播周期

旅游市场符合"二八"定律，即 20% 的顾客会创造 80% 的价值。要通过确立明确的产品个性来获取这 20% 更契合、更忠诚的旅游者，再借助他们去扩大市场。很多人被抖音上面的一段宋城"水上漂"的特殊旅游项目所吸引，而特意来到宋城，甚至愿意花 300元钱体验；重庆在"五一"黄金周期间更是实现了一个景区增加50 万游客的流量。抖音做到了从线上传播到线下引流的一个有效转换，节约了广告费，缩短了营销周期，创造了真正的爆款产品。

（四）完善网络营销配套要素

1. 打造乡村旅游特色产品

乡村休闲旅游包括自然风光、生活体验、休闲度假、民俗文化、健康养生等不同的旅游主题，以满足不同游客的需求，通过对现有的旅游产品进行组合营销，使旅游路线更好地满足游客的多种需求，同时应该设计加入具有地方特色的体验环节或者更多的旅游项目，丰富原有的旅游产品，提升游客的旅游参与感。

2. 充分利用公共关系扩大宣传效应

除了对旅游景区加强建设外，还可以通过发展良好的公共关系来提高旅游区的知名度。例如，当因地制宜开展体育活动成为其中一个特色项目时，应积极培育赛事运动旅游市场，推行"旅游+体育"融合发展模式，为旅游业注入新动力。

3. 提升乡村旅游服务升级意识

乡村旅游主要服务对象是自助游客、自驾游客，这些游客群体比较看重服务，对服务质量要求也较高，随着游客需求的升级，乡村游服务升级也迫在眉睫。在服务升级的过程中，一方面，要重视发挥培训的作用，加强对从业人员的培训力度和准度，从服务理念、技巧等方面进行专业指导，让从业人员熟练掌握规范化的服务标准和流程，促进主动创新服务、主动钻研服务的意识和能力，变无意识服务为有意识服务，让服务创造新价值，增进游客认可度。另一方面，在规范服务的基础上，注重保持并突出乡村游服务朴实、真诚的特点，让服务具有情感，带有温度。这一点可以向台湾乡村游业界学习，在服务中适当地抽时间与客人沟通、聊天，就如亲人朋友一样介绍好山好水，与游客在泡茶赏月中交流分享人生经历、人生感悟、人生哲学，这是一种情感精神服务，对乡村游从业者的整体素养有一定要求，因此，乡村游从业者也必须有意识地提升自身的人文底蕴、气质修养，让服务成为游客的美好记忆。

【想一想】

1. 乡村旅游中如何加入"体验"要素？

2. 乡村旅游中如何加入"文化"要素？

3. 乡村旅游如何保持创新？

第七章　乡村休闲旅游模式
及典型案例

【本章导读】

在我国广大的乡村地区存在着丰富的人文历史资源和生态自然资源，乡村旅游开发和发展存在着巨大的潜力和市场。因地制宜，实事求是，依据特有的旅游资源发展乡村旅游业是乡村发展的有效模式之一，发展乡村旅游对于提升和带动我国整体经济发展水平有着十分重要的意义。

第一节　精品民宿带动模式

利用乡村闲置农宅发展高端精品民宿，政府制定相关的支持、培育、引进等配套政策，打造具有知名度和吸引力的民宿集群，形成以民宿体验为着力点，三产融合发展的乡村旅游综合业态。该模式以民宿为核心体验产品，围绕旅游元素形成丰富的乡村旅游产品体系，借助地区协会或民宿联盟，形成强有力的区域力量，从而培育具有明显地域特色的乡村旅游产品品牌，创造多元化的旅游体验。

【案例欣赏】

穿越时空隧道　品百年古城梦
——云南省大理白族自治州甲马驿栈

剑川甲马驿栈是在始建于清代中期的民居古建筑基础上，遵循民居院落保护"最小干预，最大保护"原则进行维修，融入"适宜现代人居住"理念，历时两年多改造修复而成的特色民居客栈。客栈占地面积1 200平方米，属两层楼土木结构建筑，融白族古建筑、园林、亭台、照壁、沟渠、水榭、走转角楼为一体，客栈内装修有500多扇各式各样明清木雕格子棂窗，犹如一个木雕窗子艺术展示馆，客栈是中国木雕艺术之乡剑川木匠传承百年的经典古建筑。

驿栈位于云南省大理白族自治州剑川古城西门外街，距大（理）—丽（江）高速公路仅1.5千米，地处丽江与大理两大旅游热点之间，是进入香格里拉旅游区的必经之地，交通便利。驿栈是全国唯一致力于非物质文化遗产民间木刻雕版印刷——白族甲马艺术展示与体验为主题的特色民宿客栈。驿栈内设有22个特色客房，有甲马雕版印刷体验室、特色茶吧、书吧、文化长廊等。2015年被云南省旅游标准等级认定委员会评为"云南省四星特色民居客栈",2018年被云南旅游饭店发展大会组委会评定为"2017年云南省优秀特色民居客栈"。

剑川甲马驿栈所在的剑川古城建于明洪武二十三年(公元1390年),距今已有600多年的历史,以白族为主的居民世居在古城内,保留有浓郁的白族原生文化,被誉为白族文化的聚宝盆。古城内保留有明代民居古建筑40多座,清代至民国时期建筑800多座,是研究云南乃至中国民居建筑发展、街区演变历史的重要实物载体,具有较高的历史文物价值与建筑艺术价值。甲马驿栈位置下邻全国重点文物保护单位"剑川古城西门街明代古建筑群",上连全国重点文物保护单位"剑川景风阁古建筑群",可谓"十步之内皆古建"。

客栈开业4年多来,以体验文化为主题,诚信经营,率先主动配合当地税务部门安装国家税务试点改革的"税控系统",近三年平均住宿入住率70%左右,客人入住满意度与对外推荐率超过98%,营业总收入200多万元,交纳营业税12万元左右。

剑川甲马驿栈是剑川古城第一家开设的特色民宿客栈,作为中央美术学院与全国各大美术院校学生写生与下乡的合作接待点,也是现在流行的"游学与研学"旅游的首选目的地。在甲马驿栈的启发与带动下,剑川古城居民纷纷把自家闲置的古旧民居院落进行改造建设,古城现已有几十家的特色民宿客栈,解决了近百个就业岗位，让古城居民切身体验到了用自己保护的文化遗产实现了脱贫致富奔小康的甜头，使古城居民重新认识了古旧民居所具有的特殊魅力价值，让古城群众自觉投身于参与到古城民居的合理利用与有效保护管理和开发中。

（资料来源：http：//fangtan. china. com. cn/zhuanti/2019－07/18/content_74997405. htm）

【专家评语】

驿栈是全国唯一致力于非物质文化遗产民间木刻雕版印刷——白族甲马艺术展示与体验为主题的特色民宿客栈。客栈装修材料全部使用当地传统绿色生态环保的木材，驿栈客房设计第五空间独特创意，具有自己独立的甲马雕版印刷体验室文化特色。

【想一想】

什么是精品民宿带动模式？从本案例中你得到了哪些启发？

第二节　景区带动发展模式

乡村位于知名旅游景区附近，为景区提供多样化的配套服务或差异化的旅游产品。景区依托型乡村与景区在空间分布上呈现嵌入式、散点式、点轴式等多种形式，在地域文化上具有一致性，但在旅游业态上更加具有乡土气息，形成以开发一个景区带活一方经济、致富一方百姓的效果。

【案例欣赏】

永不打烊的美丽乡村
——宁夏回族自治区固原市龙王坝村

一、基本情况

龙王坝村坐落于宁夏南部山区著名的红色旅游胜地六盘山脚下，位于西吉县火石寨国家地质公园和党家岔震湖两大景区之间，距离县城 10 千米，交通便利，旅游资源丰富。该村是全县 238 个贫困村之一，有 8 个村民小组，401 户，建档立卡户 208 户 1 764 人，其中 80 岁以上的老人有 40 多位，90 多岁的老人有 8 位，是远离城市喧闹的原生态长寿村寨。目前，龙王坝村已形成了传统三合院、多种风格乡村民宿并存的美丽乡村风貌，建有塞上龙脊高山梯田、滑雪场、窑洞宾馆、民宿一条街。在全村人的共同努力下，2018 年共接待游客 41.38 万人次，旅游收入达 1 442 万元，为 208 户建档立卡贫困户实现就业。先后获得"中国最美休闲乡村""全国生态文化村""中国乡村旅游扶贫示范村""国家林下经济示范基地""中国乡村旅游创客示范基地"等荣誉称号。2017年被确定为央视农民春晚和乡村大世界走进西吉拍摄基地。

二、主要做法

近年来，龙王坝村以"生态休闲立村、乡村旅游活村"为发展思路，以"农民变导游、农房变客房、产品变礼品、民俗变旅游"为抓手，以带领乡亲们脱贫致富为目标，依托本村丰富的自然景观资源，大力发展乡村旅游，形成了自己的特色与亮点。

（一）农房变客房

依托休闲观光旅游资源优势，推进"乡村休闲观光旅游＋餐饮＋住宿"一条龙经营模式，采取"政府危房改造补贴＋农户筹资"的方式改造客房，大力发展乡村旅游民宿，提升接待能力和水平。

（二）村民变导游

为了让村民参与乡村旅游、共享旅游红利，合作社请专业导游对村民进行培训，让村民在给游客介绍村庄的同时，讲述红军"三过"单家集、会师将台堡、毛泽东夜宿陕义堂清真寺等革命故事。使村民们转变了"等、靠、要"的思想观念，助力精准脱贫。

（三）产品变商品

充分利用龙王坝旅游区自身品牌优势，加大宣传力度，对马铃薯、芹菜汁、小秋杂粮、红军粉等本地农产品进行品牌包装，积极开展线上线下整合营销推广。既解决了农产品销售渠道不畅、对外知名度不高、品牌影响力不大等问题，又全方位帮助农户（特别是建档立卡户）学会线上线下"互联网+"的电商销售模式，提高了农产品的附加值，增加了农民收入。仅 2017 年一年村民靠销售马铃薯、芹菜汁、小秋杂粮、红军粉等旅游商品，收入就达 230 万元。

（四）民俗文化变旅游资源

龙王坝村通过保持黄土窑洞、农民耕地等原生态场景，培育特色文化和传承民俗文化，着力打造特色乡村旅游产品。通过举办文化大讲堂、广场舞比赛等丰富多彩的文化活动，营造文明向上的乡村文化氛围。通过拍摄全国农民春晚，极大地提升了龙王坝村的文化品位和知名度。

（材料来源：http://fangtan.china.com.cn/zhuanti/2019-07/18/content_75006307.htm，内容有删减）

 【专家评语】

以"生态休闲立村、乡村旅游活村"为发展思路，以"农民变导游、农房变客房、产品变礼品、民俗变旅游"为抓手，通过抓基层党建，积极探索"支部+合作社+农户"模式，立足于现有资源发展乡村民宿，搭建乡村旅游平台，通过创新机制推进乡村旅游发展，鼓励和吸引大学生、返乡青年、复转军人、高校农业专家、文化企业家等到龙王坝创业，实现共同富裕。

【想一想】

景区带动发展模式有哪些特点？我们当地能不能发展这种模式，为什么？

第三节　旅游扶贫成长模式

通过政府主导、资源租赁、企业带动等方式，完善基础设施建设，改善人居环境，将发展旅游与精准扶贫深度结合，形成以旅游带动致富的乡村旅游发展模式。该模式中，政府主导作用明显，贫困户参与度高，经营模式包括"协会+企业+贫困户""龙头企业+产业+贫困户""支部+协会+贫困户"等，在探索村民参与合作模式、旅游投入机制等方面具有典型的创新示范作用。

【案例欣赏】

"扶贫车间"成为百姓致富"梦工厂"
——宁夏回族自治区固原市羊槽村

一、基本情况

近年来，宁夏泾源县把发展旅游产业作为全县脱贫攻坚的主导产业之一，通过政策驱动、项目带动、全域联动，全力以赴推动旅游产业发展。结合扶贫车间投资小，厂房设备、技术含量、年龄要求不高，工作时间宽松、适应面广等特点，率先在发展优势明显的羊槽村建起旅游扶贫车间。

羊槽村位于泾源县东部，距县城 8 千米，辖区生态资源丰富。北距甘肃崆峒山景区 15 千米，胭脂峡景区位于其中，发展旅游产业条件优越。全村共有 6 个村民小组，518 户 2 192 人，2014 年以来共识别贫困户 157 户 701 人，截至目前累计脱贫 154 户 687 人，贫困发生率从 2014 年的 26.5% 下降至 0.63%。村党组织现有党员 54 名，"两个带头人" 18 名。2017 年，通过实施旅游扶贫到户项目，共兑付旅游扶贫专项资金 16.5 万元。其中以刺绣、沙画为主的旅游商品加工 21 户，补助资金 10.5 万元；农家乐 6 户，补助资金 6 万元。截至 2018 年底，旅游扶贫车间累计吸纳 67 户村民参与旅游商品生产，加工旅游产品近 5 000 件，回购近 5 000 件（全部回收），支付加工费近 3 万元，人均每月增收 1 200 元左右，有效地促进了贫困群众增收。

二、主要做法

（一）建设手工作坊，帮扶一个家庭

2017 年，村委会经过摸底调查，确定了 21 户会刺绣、懂沙画的建档立卡贫困户为扶持对象，参与旅游商品加工与销售。经过县、乡、村三级申报，争取旅游扶贫专项资金 16.5 万元，建设旅

游扶贫手工作坊 21 个。村两委和村妇联广泛动员全村留守妇女积极参与，采取"订单式"加工销售模式，生产加工刺绣等特色民俗商品，每户平均增收 1 500 元左右。

（二）夜校培训指导，送来一技之长

充分利用村党支部和村文化活动室建设农民夜校，以沙画、刺绣等旅游商品制作技能培训为重点，先后聘请了自治区非物质文化遗产协会会长马福荣、旅游服务资深讲师马晓娟及区内外刺绣方面的有关专家。通过理论讲解、互动交流，组织农户实地观看、实际操作等方式，利用晚上 7 点至 9 点半闲暇时间，在羊槽村村部举办"农民夜校"培训班。实现了由传统的输血式救济扶贫向造血式产业扶贫的转变。不仅满足了广大农民的求知需求，提高了农民素质，还让更多群众足不出户就能学到技能知识，提升贫困户脱贫致富的能力，增强脱贫信心。

（三）建设扶贫车间，打造一个基地

在旅游产业发展过程中，村委会认识到抱团发展的重要性，通过采用"村党支部+合作社+龙头企业"的发展模式，成立了胭脂峡旅游商品专业合作社。引进了宁夏蓝孔雀旅游商品研发中心，通过整合村活动室和畜牧改良点建设旅游扶贫车间，打造以布艺加工为主的沙画、刺绣、串珠、绳编等旅游商品制作基地。目前，通过精准培训、订单加工、定向回购等方式，为 60 名学员开展了沙画、布艺加工、葫芦烫画、汽车坐垫编织四大类、60 个品种的旅游商品制作培训。由企业提供原材料并签订加工回购协议，加工产品经验收合格后，由企业直接回收并支付加工费，真正让旅游扶贫车间成为群众增收致富的"梦工厂"。

（四）主动宣传营销，带动全村发展

通过驻村第一书记的积极争取，在自治区文化和旅游厅的大力支持下，羊槽村主动实施"走出去"战略。以村为单位参加了"2017 年海峡两岸旅游商品展暨'食尚宁夏'美食狂欢季"和昆明"2017 年中国国际旅游节"，节会上羊槽村的旅游资源与特色产品加工受到了相关企业的关注。羊槽村与 6 家企业签订了旅游商品代销协议，与云南省九乡民族刺绣公司达成民族刺绣技术互相交流学习的共识，与宁夏蓝孔雀山庄旅游发展有限公司达成了旅游商品研发、订单制作与销售合作协议。贫困户通过在旅游扶贫车间工作，实现了就地、就近转移就业，从而获得持续性收入，实现了脱贫致富。

（材料来源：http：//fangtan. china. com. cn/zhuanti/2019 - 07/18/content_75006518. htm ，内容有删减）

【专家评语】

建设手工作坊，夜校培训指导，建设扶贫车间，采用"村党支部+合作社+龙头企业"的发展模式，成立胭脂峡旅游商品专业合作社，主动宣传营销，带动全村发展，引进了宁夏蓝孔雀旅游商品研发中心，通过整合村活动室和畜牧改良点建设旅游扶贫车间。

【想一想】

旅游扶贫成长模式有哪些特点？我们当地能不能发展这种模式？

第四节　民俗文化依托模式

以历史建筑、文物古迹等为旅游吸引物，挖掘传统的民俗文化、农耕文明、民间技艺等，体现乡村旅游的历史文化内涵。旅游资源具有历史性或某段时期的历史代表性，区内分布物质文化遗产或非物质文化遗产，文化价值较高，资源保护要求高。其核心是通过文化元素牵动旅游业的发展，注重文化遗产的保护和合理利用、民俗文化的展示和传承。

【案例欣赏】

聚焦特色产业　聚力文旅融合
——青海省西宁市拦一村

一、基本情况

湟中县拦隆口镇拦一村地处西宁市西北部，距县城 43 千米。

因有鲜卑慕容后裔聚居群,有千年鲜卑慕容历史和传奇的慕容西迁故事,有悠久的鲜卑慕容中华酩馏非物质文化遗产,因中国人民解放军青海剿匪历史故事而闻名。2017 年,拦一村实施乡村旅游扶贫项目以来,将建设美丽乡村和打造文化景区相结合,在现有旅游资源基础上开发打造慕容古寨乡村文化旅游景区,形成以鲜卑慕容文化为主题,集古法手工酿酒、民俗体验、乡村餐饮、影视文化及度假休闲等多位一体的乡村旅游业态,建成酩馏博物馆、百年酒作坊、酿酒体验区、民俗展示基地和循环农业基地,成功创建了国家 3A 级旅游景区、国家级乡村旅游创客基地、青海省首批 5 星级乡村旅游接待点。先后被财政部、国家科协确定为高原酩馏影视文化村、"全国惠农兴村"。西宁市青海高原酩馏影视文化村在 2015 年被农业部、国家旅游局确定为"全国休闲农业与乡村旅游示范点",同时慕家酩馏酒的酿酒工艺已被列入非物质文化遗产项目。

二、发展历程

西宁市湟中县积极营造旅游发展大环境,统筹规划,牵线搭桥,鼓励更多社会资本投入建设运营景区,推动形成了自然景观与传统技艺相融合、历史文化与现代文明相串联的文化旅游产业格局。拦一村依托慕容古寨,以"传承酩馏文化精髓,弘扬和谐社会文化,提供优质产品,服务社会"的发展理念为引领,以"公司+农户"的经营模式,在挖掘、保护、传承、发扬当地民俗文化内涵的基础上，重点发展以酩馏酿造、文化体验和餐饮服务为主的乡村旅游产业，促进民俗文化与旅游产业深度融合。

（一）发挥产业带动效应，促进文旅融合

拦一村坚持产业融合发展思路，以旅游开发为载体，因地制宜、合理定位、挖掘特色，走差异化发展道路，大力推动农业生态观光、休闲农业度假和地方传统文化体验等多元化发展，建设旅游专业村和旅游名村，打造乡村文化旅游品牌，实现了慕容古寨景区的长期、稳定和良性发展，已形成"旅游基地+农户土地+农户工人+农户旅游产品加工"的发展模式。在做好景区自身发展的同时，以土地租用金流转、农产品整合收购、景区民俗体验项目拓展等方式，丰富乡村文化旅游产业内容，加强乡村旅游产品升级和文化创意包装，重点建设传统酩馏酒文化一条街、传统酩馏酒体验区，不断推进农产品加工业和乡村旅游业融合。

（二）唱响文化旅游品牌，弘扬民俗文化

作为青海省河湟流域酩馏酒发源地之一，拦一村以传统工艺方法酿造的酩馏酒，不仅在青海民间享有较高声誉，而且在国内外也已小有名气。依托酩馏传统文化的独特优势，拦一村把"文化先行"融入乡村旅游开发中，发挥政策、项目、资金叠加优势，加强产业市场互动互促，形成乡村旅游发展合力。通过深入挖掘民俗文化资源，发展特色鲜明的乡村生态旅游产品，着力打造青海文化民俗品牌，推出醉历史、醉文化、醉乡村、醉酩馏、醉生态、醉日

出、醉晚霞、醉星空"八大醉景",修葺保护有历史价值的遗迹,打造慕容府、金龟石等景点,同时将青海饮食文化贯穿其中,成为休闲农业与乡村旅游深度融合的"金名片"。

(三)开展增就业服务,带动脱贫增收

拦一村以慕容古寨为平台,坚持美丽乡村建设与精准扶贫相结合,按照"政府主导、多方参与、产业引领、精准培养"的工作途径,积极响应乡村振兴战略,大力培育致富带头人队伍,广泛吸纳村民务工再就业,以乡村旅游发展作为带动群众脱贫的重要抓手,解决当地闲散劳动力就业220余人次。积极引导各村户发展酿酒、手工、民俗、观光、农特产品等产业,既带动当地民俗传统工艺振兴,有效拉动当地经济蓬勃发展,又为建档立卡贫困家庭提供稳定就业岗位,促进周边更多村民脱贫致富。同时,结合各类岗位需求积极开展酩馏酿造、餐饮服务等劳动技能培训,让参训人员在乡村旅游、农旅一体化、休闲度假等方面的发展意识得到进一步加强,让从事乡村旅游经营的从业人员综合素质和服务技能水平得到进一步提高。成立"妇女扶贫车间",为当地妇女提供既可以照顾老人和孩子又能增加收入的就业渠道,2018年累计培训周边妇女200余人次。

(材料来源:http://fangtan.china.com.cn/zhuanti/2019-07/19/content_75009322.htm,内容有删减)

【专家评语】

以"传承酩馏文化精髓，弘扬和谐社会文化，提供优质产品服务社会"的发展理念为引领，以"公司+农户"的经营模式，在挖掘、保护、传承、发扬当地民俗文化内涵的基础上，重点发展以酩馏酿造、文化体验和餐饮服务为主的乡村旅游产业。

【想一想】

什么是民俗文化依托模式？我们当地有没有这样的资源，怎么做？

第五节　生态资源依托模式

依托优质的自然生态资源而开展生态体验、生态研学、康养度假的乡村旅游发展模式，生态资源依托型乡村多位于自然条件优越、生态资源丰富、环境污染较少的地区，其产品主要特色为"绿色低碳"和"亲近自然"，在开发过程中注重生态环境的保护。

【案例欣赏】

依托优势资源 大力发展乡村旅游
——新疆维吾尔自治区阿勒泰地区禾木村

一、基本情况

阿勒泰地区布尔津县禾木喀纳斯蒙古民族乡禾木村成立于1984年6月，为乡政府驻地，辖区面积1 500平方千米，辖东哈拉、围哈拉、齐巴罗依、海英布拉克、河西、齐柏林、阿什克7个片区（自然村）。禾木村共有5种少数民族成分，其中蒙古族图瓦人253户，哈萨克族298户，回族9户，汉族17户，塔塔尔族1户，俄罗斯族1户。禾木村具有淳厚的民族文化底蕴以及丰富的自然资源。禾木村作为蒙古族图瓦人的聚居地，是中国保留最完整、历史最悠久的图瓦人部落；自然资源丰富，分布着广袤的寒温带泰加林，同时也是西伯利亚动植物种类南延至中国的代表性地区，现有植物83科298属798种，野生动物有兽类39种、两栖爬行类4种、鸟类117种，鱼类有5科8种等；喀纳斯最美的秋色在禾木，漫山层林尽染，炊烟袅袅的图瓦村落，禾木哈登平台是最佳取景地点；位于喀纳斯旅游区内，与喀纳斯湖、白哈巴村、草原石人群、那仁草原等旅游资源优势互补。先后荣获中国第八个摄影创作基地、全国生态文化村、中国最美的六大乡村古镇、中国十大乡愁村庄、中国少数民族特色村寨等荣誉称号。

二、主要工作措施及成效

充分利用自身特色旅游资源，以淳厚的民族文化底蕴和丰富多彩的自然旅游资源招徕游客，合理地规避交通、生物物资自身短板。通过规范化管理各经营企业，变短板为优势，以旅游寻致富，积极打造以旅游为特色的禾木原始古村落。2018 年接待旅游人数 75.97 万人次，旅游综合收入 5.19 亿元；农牧民人均纯收入达到 1.9 万元，同比 2017 年增收 1 500 元，摘掉了自治区级贫困村的帽子，人均收入远高于平原地带人均收入，名列阿勒泰地区前列。同时，全乡以旅游业和畜牧业为主，全年社会生产总值 3 800 万元，乡村两级集体经济收入 139.3 万元，彻底摆脱了空壳村的状态。

（一）坚持科学引导先行

针对乡村旅游涉及面广、关联性强特点，景区对所有从事民宿、家访等乡村旅游经营户进行统一登记、建档立卡，纳入旅游资源数据库，并实行挂牌经营，通过这种方式将景区以民宿、家访为主的乡村休闲旅游经营户全部纳入规范管理。在此基础上，进行规范引导、星级评定、重点扶持，并将星级民宿、家访作为政府职能部门的指定接待单位，极大地调动了经营户上星级、创品牌的积极性，有效促进了乡村旅游的快速发展。同时，在节庆活动和旅游旺季，联合市场监督、卫生、物价等部门对乡村旅游接待点进行定期或不定期检查整顿，加大旅游市场监管力度，树立民宿旅游良好形象。

（二）加大项目扶持力度

为提高乡村旅游接待点文化品位，景区配合乡村旅游发展出台相关政策措施，对从事乡村旅游的经营户进行庭院规划、服务标准、民宿星级等方面的全方位指导，并创新设计、施工改造、提升档次，切实规范和加强景区民宿升级改造和精品民宿建设，计划升级改造民宿 137 余户，种植云杉、疣枝桦等林木 1 100 余棵，栽种虞美人、滨菊、翠雀花等特色花卉 1.79 万平方米，成品花箱花苗 6 万株。对具有一定规模或发展潜力的经营户进行整改、提高服务，例如禾木百年老屋家访民宿一体经营点，传承当地图瓦民俗文化，通过一处百年木棱屋展示当地民族历史文化、奶酒及食品制作等，通过不同主题打造不同风格的民宿体验，结合当地特色歌舞、美食打造星级民族家访点，得到了游客的广泛好评。禾木乡积极实施禾木河河道生态治理工程，稳步推进湖面游艇"油改电"项目，完成农村人居环境综合整治及"美丽乡村"示范村建设，持续推进厕所革命工程，打造以贾登峪—禾木（布拉勒汗）为中心的特种游徒步线路，在星级接待点分别实施道路改造、乡村亮化、厕所改造以及修建迎宾大门、制作指示标牌等充满乡村文化品位的项目，全力为乡村旅游服务，提升旅游服务档次。

（三）创新岗位培训方式

为增强经营业主的发展意识、诚信意识和服务意识，景区党委协同乡村三级对经营业主开展集中培训的基础上采取推荐就业、创业帮扶、强化旅游培训等措施，千方百计扩大就业，开展乡村专场招聘会7场次，提供讲解员、厨师、服务员等800余个岗位，685名农牧民实现就业增收。大力实施牧民培训工程，建立了景区、乡、村三级培训体系，与新疆农业大学、乌鲁木齐职业大学、石河子职业技术学院等院校建立了长期合作关系，开展定向培训，全面提升各类人员的文化素质和就业技能；坚持请进来、走出去相结合，开展餐饮服务、农业种植、民族刺绣、马队管理、摊位经营等专题培训班，培训牧民群众1.1万人次。

（四）加强宣传促销力度，着力打造冬季旅游，利用节庆活动带动民俗游

禾木冬季长，雪期长且雪量较大，为依托冰雪资源优势，全力发展冬季旅游，叫响"净土喀纳斯，雪都阿勒泰"核心品牌影响力，着力打造极美雪乡和精灵小镇，禾木村在洪巴斯区域规划建设大型冰雪大乐园。自开园以来已形成民俗体验、赛事表演、冰雪运动主题乐园，先后举办"2018中国西部冰雪旅游节暨第十三届新疆冬季旅游产业交易博览会""第十一届喀纳斯冰雪风情旅游节暨泼雪狂欢节""禾木原始年"等活动，承办"丰田户外俱乐部冬游喀纳斯"等户外主题活动，大幅提高了冬季旅游攻势，冬季累计接待游客13万人次。

（材料来源：http://fangtan.china.com.cn/zhuanti/2019-07/19/content_75009642.htm）

【专家评语】

依托淳厚的民族文化底蕴、丰富的自然资源以及喀纳斯景区的带动效应发展民族文化乡村旅游。创新管理方式和激励机制，对乡村旅游经营户进行统一登记、建档立卡，将星级民宿、家访作为政府职能部门的指定接待单位。完善基础设施，提升服务档次。创新岗位培训方式，增强经营业主的发展意识、诚信意识和服务意识。

【想一想】

什么是生态资源依托模式？我们当地有没有这样的生态资源，怎么做？

第六节　田园观光休闲模式

主要依托优美的田园风光和乡村人居环境，将生产、生活、生态结合起来，满足游客回归自然、农事体验、休闲度假的需求。该模式围绕乡土景观与农业生产形成多元化的旅游体验产品，旅游服务功能相对复合多元，乡村多位于城郊地带，主要聚焦于城市居民亲子娱乐和休闲度假市场。

【案例欣赏】

走村民共建共享之路 推进乡村旅游发展
——青海省海东市麻吉村

一、基本情况

麻吉村是互助油嘴湾乡村旅游景区所在地距县城威远镇8千米，平均海拔2 680米。全村有7个村民小组，农户391户1 478人。麻吉村交通区位优势明显，处在西宁—土族故土园—北山旅游交通线路之上，威北公路贯穿而过，与龙王山隔河相望，区位条件优越明显。麻吉村地处浅脑山地区，雨水均匀、光照充足、森林覆盖率高、宜居宜业。村史悠久，有明末清初人文遗迹——古窑洞、拉则寺等。2016年，创办了葱花香乡村旅游开发有限公司及特色农业观光专业合作社，通过村民自愿入股、土地租赁等方式加入，先后投入资金1 500余万元，建设了"油嘴湾花海农庄"项目。

二、发展经历

（一）创业带动扶贫

2016年，麻吉村创办互助县葱花香乡村旅游开发有限公司，与村集体签订闲置土地流转开发协议，与村民签订耕地流转合同，想方设法动员其他村民积极入股，共同创业，并根据实际需要，创办了全村第一家特色农业观光专业合作社，近100户农户以土地、宅基地、资金等方式入股合作社，包括6户贫困户。设立景区沿线经营摊点25处，鼓励农户参与经营。积极引进村集体经济破零专项资金200万元，与村集体签订股份合作协议，实行资金入股分红，从而有效带动集体经济的不断发展和壮大。

（二）培训提升能力

坚持"扶贫先扶志，扶志先启"理念，开办麻吉村"农民夜校"，组织贫困户、贫困党员、农家乐经营户、摊点经营户、景区员工及其他村民进行集中培训，邀请省内外民营企业家、致富带头人、优秀大学生村干部、社会知名人士现场讲授国家政策，传授创业经验，介绍乡村旅游发展的状况等，让村民开阔了视野，提升了能力。

（三）旅游带动就业

通过吸纳贫困户就业，沿线设立贫困户经营摊点等形式为村上6户贫困户提供从业岗位。对村里有条件、有能力参与经营乡村小吃、农家乐的农户进行动员，采用免费提供经营场地，提供改造方案，争取改造资金等措施，最大限度地调动了村民的积极性，使得近18户积极参与休闲农业与乡村旅游产业开发，并顺利实现当年盈利的目标。同时，坚持产业促进就业的原则，先后吸纳了村上45

名闲散劳动力就业。

三、主要成效

油嘴湾花海农庄建成至今，累计接待省内外游客 15 万人次，实现景区门票、农家乐餐饮收入、乡村特色小吃经营收入、农副产品销售收入等综合收入 300 余万元。带动就业 160 余人，农户人均增收 1 万余元，其中贫困户增收 8 000 余元。与此同时，项目的建成与运营，也对东和乡麻吉村的生态环境治理、美丽乡村建设、老百姓精神文化生活的丰富、村上产业结构转型升级起到了积极推动作用。油嘴湾花海农庄也通过短短两年的发展，已经成为互助县乃至海东市乡村旅游的典范。

（材料来源：http://fangtan.china.com.cn/zhuanti/2019 - 07/19/content_75010312.htm）

【专家评语】

创办了村上第一家特色农业观光专业合作社，以土地、宅基地、资金等方式入股合作社；开办麻吉村"农民夜校"，组织贫困户、贫困党员、农家乐经营户、摊点经营户、景区员工及其他村民进行集中培训。以旅游沿线带动就业，通过吸纳贫困户就业，沿线设立贫困户经营摊点等形式为 6 户贫困户提供从业岗位。

【想一想】

什么是田园观光休闲模式？案例对我们有哪些启发？

主要参考文献

樊文水，2022. 新时代乡村振兴之三农政策［M］. 北京：中国
　　农业科学技术出版社.

何德才，2022. 新时代乡村振兴战略政策与实践［M］. 北京：
　　中国农业科学技术出版社.

史安静，2017. 怎么做好休闲观光农业［M］. 北京：金盾出
　　版社.

史安静，2020. 乡村振兴战略简明读本［M］. 北京：中国农业
　　科学技术出版社.

尹成杰，2023. 产业振兴是乡村振兴的重中之重［J］. 农村工
　　作通讯（5）：25-27.